有怪癖的動物圖鑑

超棒的！

沼笠航／著　張東君／譯

遠流

前　言

嗚哇——！（←問候）大家好。我是主要在網路上發表繪畫或漫畫的「沼笠航」。我以「Numagasa」這個名字在推特和部落格上發表的「動物圖解」系列，居然能集結成這樣一本書！嗚哇！！而且是以我從以前就很喜歡的鳥和鯊魚為首，變成一本隨我高興、怎麼塞都可以的自由圖解書。喜歡動物的人當然不用說，不過要是這本書能成為一個契機，讓沒有特別喜歡動物的人也能把腳踏進有點奇怪卻又嚴肅的動物世界中，就是我無比的榮幸。歡迎來到深奧又非常美妙的「動物世界」……

第 1 章
天空的動物

報秋的獵人
紅頭伯勞
英文是Shrike
I'm hungry
外國的紅頭伯勞顏色不同
附帶一提，在德國被稱為「絞殺天使」。
這是源自伯勞很像處刑者的習性……
咕吔
（細節請看下一頁）
雖然只有麻雀大小，卻是肉食性!!
以老鷹般的鉤狀喙部及銳利的爪子，獵捕昆蟲或小動物來吃喔！
日文漢字是「百舌」
由來是會學其他鳥類的叫聲
ㄎ~ㄎ~ㄎㄎㄎ
到了秋天，會在突出的高處大聲鳴唱來宣示領域！
愈會模仿的雄鳥愈受歡迎
此外，在江戶時代有個說法是「伯勞鳴叫的夜晚會有人死亡」，把紅頭伯勞視為不吉利的鳥類。
然後獨自過冬……是冷硬派的孤傲鳥類！
想要豆子
不太孤傲的鳥類
政治正確伯勞
我沒叫也會有人死吧

伯勞的殘忍儲食

青蛙
蚱蜢
蜥蜴
有還沒吃的，也有就放著不管的

假如有看到這些小動物或昆蟲，像串燒一樣被穿刺在尖銳的樹枝或鐵絲上*，那一定是伯勞的傑作！這種儲食的習性，在日文稱為「速贄」！

即使是體型較大的小動物或有堅硬甲殼的昆蟲，
也能很靈巧的刺穿！由此可見伯勞強而有力又靈巧！

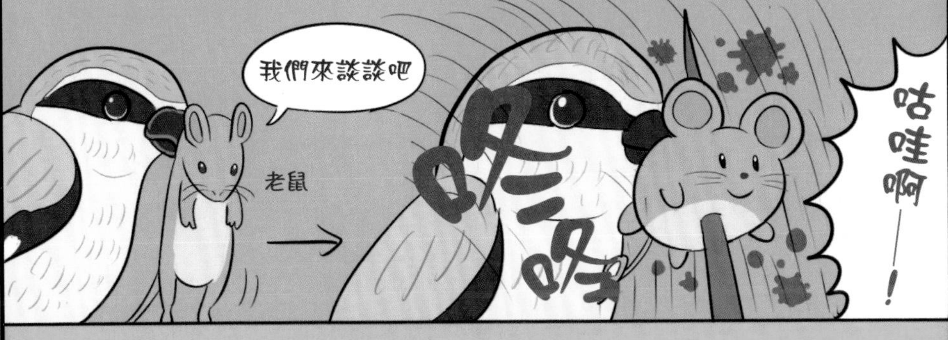
我們來談談吧
老鼠
咕哇啊——！

可是牠們究竟為什麼會有這種行為，理由並不清楚……

① 把吃剩的食物留下來，等晚一點再吃的說法。

② 為了以後食物較少的時期而貯存起來，儲存戰備糧食的說法。

③ 串在東西上會比較容易吃的說法。

④ 純粹是本能，沒有特殊意義的說法。

……雖然有各式各樣的說法，但是沒有定論。
如此神祕的伯勞，今年也告知秋已經深了……

＊把一部分的行為描述得比較不血腥。

森林的小鼓手
小星頭啄木鳥
日本最小的啄木鳥！
出乎意料就在日本人的生活周遭。
以尖銳的喙部啄樹木，
尋找躲藏的蟲子來吃！
即使是躲在縫隙中，也要把你拉出來喔！
這到底是怎樣
蟲
ㄍㄨ～一
會發出這種像把卡住的門打開的叫聲。雖然聽起來很一般般，但是習慣了之後就一定會知道「啊，是小星頭啄木鳥」。
小星頭啄木羽
深咖啡色及白色的交錯花紋，很難與樹皮區分。
小星頭啄木腳
能以四根趾頭的腳穩穩抓住樹木迅速移動。
也經常跟其他小鳥混在一起組成鳥群。（這種鳥群稱為「混群」）
小星頭啄木尾羽
大又強而有力的尾羽！可和兩隻腳一起，以三點取得平衡，是支撐身體的絕佳武器！
來介紹糊塗成員囉！
日本山雀
綠繡眼
銀喉長尾山雀

絕對不會再錯了！小星頭啄木鳥和大猩猩*
咦？
小星頭啄木鳥和大猩猩，哪個是哪個？
在日本會產生這種疑問的人應該不少吧……
這也是理所當然的！因為小星頭啄木鳥和大猩猩這兩種動物都具有「拍擊」的習性。
拍擊＝敲打東西進行溝通的行為
例如宣示領域或對雌性做行為展示等，有各式各樣的功能。
小星頭啄木鳥（啄木鳥類）的拍擊
用喙部敲打樹幹！
咚囉囉囉
大猩猩的拍擊
用手拍打胸部！
嗚喝嗚呵呵呵喔
啵叩啵叩啵叩
在森林裡豎起耳朵就能聽見喔。
在叢林裡豎起耳朵就能聽見喔。
只要記住「吃蟲的是小星頭啄木鳥，吃香蕉的是大猩猩※」就好。就算這樣，可能還是有人覺得「仍舊很混亂！」
可是不論小星頭啄木鳥、大猩猩或人類，大家都是生活在地球上、無法被取代的生物，所以從這個角度來看，大家都是一樣的……真的有必要加以區分嗎……？
完

＊ 小星頭啄木鳥（Kogera）和大猩猩（Gorilla）的日文拼音很接近。

※ 其實現在的動物園都不太餵動物吃香蕉。

嚴冬的偶像
黃尾鴝
只要氣候轉冷就會來到日本，
非常可愛的冬候鳥！
在臺灣也有
機會看到
白色的頭、黑色的臉和橘色
的身體是最吸引人的部分。
日文漢字是
尉火焚鶲
「尉」在日文是白髮
老公公的意思。
怎麼叫人家老頭子
「火焚」源自叫聲跟
敲擊打火石的喀嘰喀
嘰聲很像。
（就是日本童話《卡奇卡
奇山》出現的喀嘰喀嘰聲）
喀嘰
喀嘰
喀嘰
喀嘰
喀嘰
什麼聲音？
卡奇卡奇
山的聲音
原來如此
別就相信了啊
大小跟麻雀
差不多
邊鞠躬邊擺
動尾羽的獨
特動作
雌鳥很樸素
請說我雅緻
素雅的
顏色很
受專家
喜愛
翅膀上的白色
斑點跟有家紋的日
本和服很像，
所以又叫做
紋付鳥。
凡是名中有「鴝或鶲」的鳥都是偶像級可愛。
野鳥協會說
的？應該大
家都認同吧！
黃眉黃鶲
在宇宙的嚴冬中
發出光輝的俺就
是太陽。
黃尾鴝
你問我青鳥在
哪裡……？就
在你的眼中
啊！
藍尾鴝
在你的心中點火
鴝鶲三重奏

本鵖當家

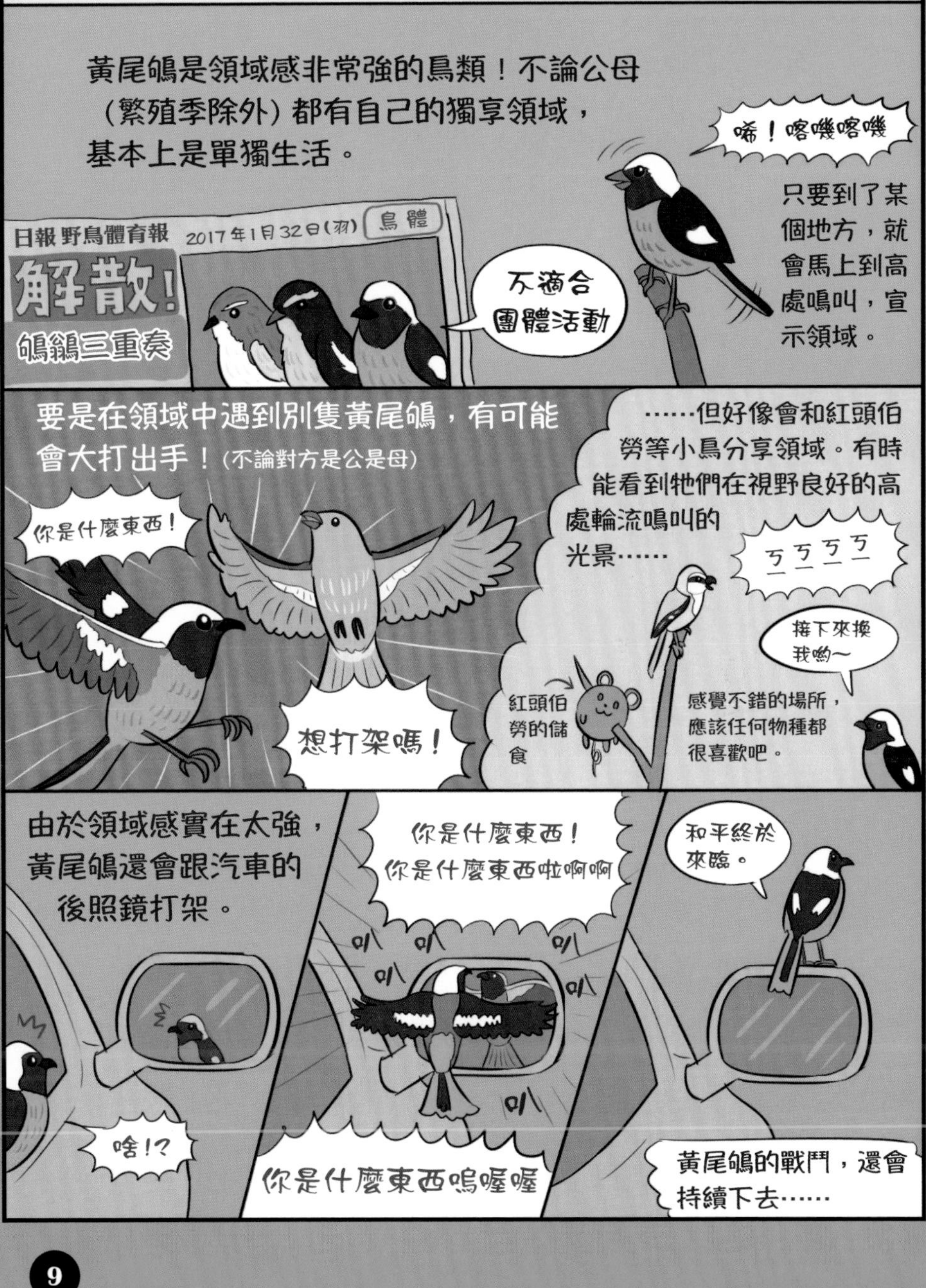

黃尾鴝是領域感非常強的鳥類！不論公母（繁殖季除外）都有自己的獨享領域，基本上是單獨生活。
唏！喀嘰喀嘰
只要到了某個地方，就會馬上到高處鳴叫，宣示領域。
日報 野鳥體育報 2017年1月32日(羽) 鳥體
解散！
鵖鶲三重奏
不適合團體活動
要是在領域中遇到別隻黃尾鴝，有可能會大打出手！(不論對方是公是母)
你是什麼東西！
想打架嗎！
……但好像會和紅頭伯勞等小鳥分享領域。有時能看到牠們在視野良好的高處輪流鳴叫的光景……
ㄎㄎㄎㄎ
接下來換我喲～
紅頭伯勞的儲食
感覺不錯的場所，應該任何物種都很喜歡吧。
由於領域感實在太強，黃尾鴝還會跟汽車的後照鏡打架。
啥！？
你是什麼東西！你是什麼東西啦啊啊
叭 叭 叭 叭 叭 叭 叭
你是什麼東西嗚喔喔
和平終於來臨。
黃尾鴝的戰鬥，還會持續下去……

看啊！那美妙的身影
翠鳥
像蜜蜂般的飛舞……
（很擅長盤旋）
像蜜蜂般的戳刺！！
（也很擅長潛水）
換句話說無敵！
在池塘或河川附近生活的華麗鳥類！那就是翠鳥大大。
可憐的小魚
嗚哇——
把獵物往岩石上面甩，讓食物容易入口的聰明翠鳥大大……
咕哇——
咚
咚
以喜愛孤傲為傲的翠鳥大大。
很常待在木樁或樹枝的頂端。
美麗的羽色！
此外，翡翠在中文裡就是指「翠鳥」的意思。
（不是寶石，這才是元祖！！）
好美啊……
哦哦……
喔喔喔……
翠鳥大大……
為了看尊貴的翠鳥大大美麗身影一眼而成群聚集的卑微人類們。
翠鳥大大金字塔
吃
小魚
吃
小蟲螻蟻們
成群聚集
人類們

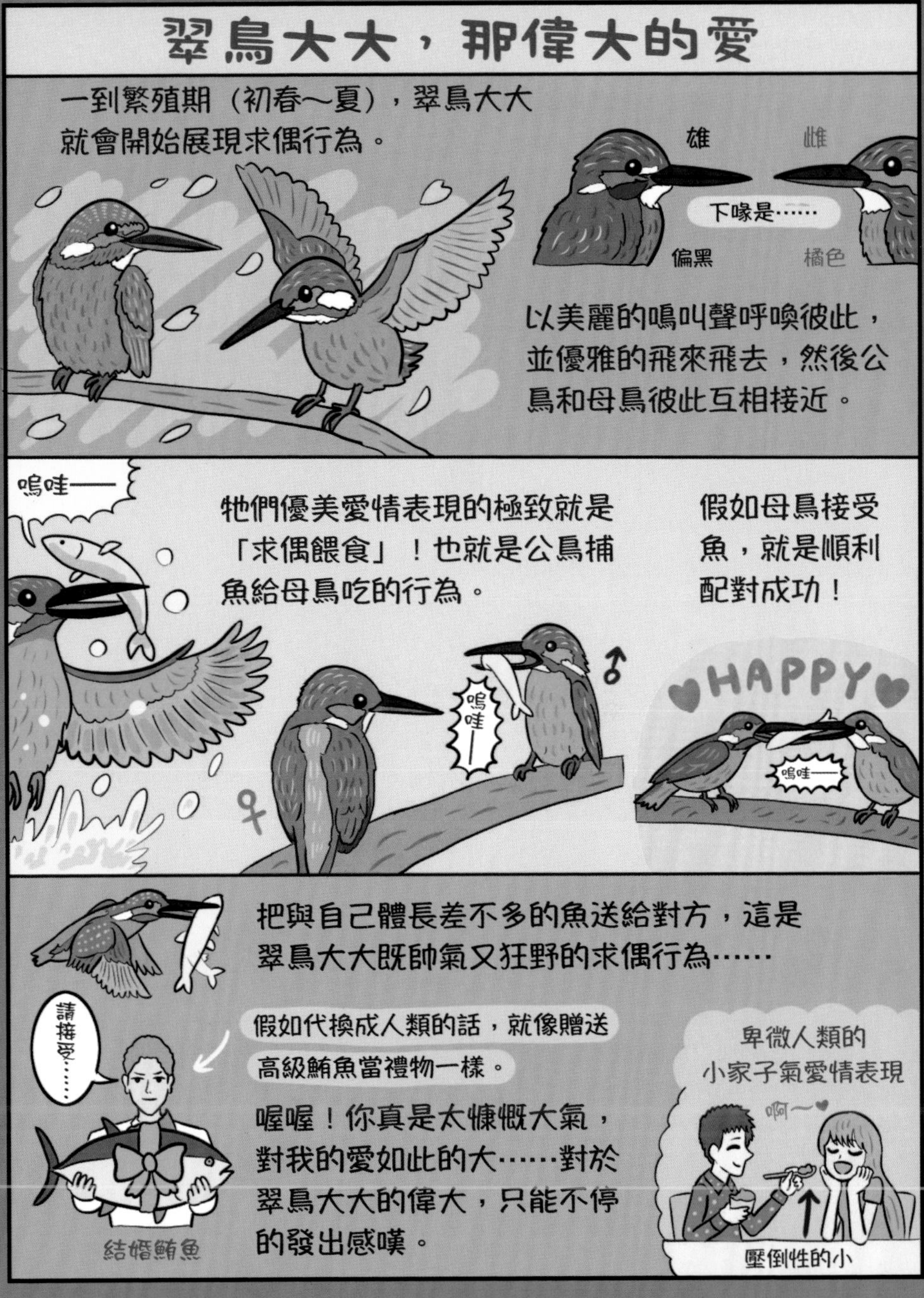
翠鳥大大，那偉大的愛
一到繁殖期（初春～夏），翠鳥大大
就會開始展現求偶行為。
雄
雌
下喙是……
偏黑
橘色
以美麗的鳴叫聲呼喚彼此，
並優雅的飛來飛去，然後公
鳥和母鳥彼此互相接近。
嗚哇——
牠們優美愛情表現的極致就是
「求偶餵食」！也就是公鳥捕
魚給母鳥吃的行為。
假如母鳥接受
魚，就是順利
配對成功！
嗚哇——
HAPPY
嗚哇——
把與自己體長差不多的魚送給對方，這是
翠鳥大大既帥氣又狂野的求偶行為……
請接受……
假如代換成人類的話，就像贈送
高級鮪魚當禮物一樣。
喔喔！你真是太慷慨大氣，
對我的愛如此的大……對於
翠鳥大大的偉大，只能不停
的發出感嘆。
結婚鮪魚
卑微人類的
小家子氣愛情表現
啊～♥
壓倒性的小

戴面具的寂靜殺手
倉鴞
特徵是像面具般的臉，在全世界的森林均有分布。
（不過很遺憾，日本和臺灣都沒有*）
英文名：Barn Owl
（倉庫的貓頭鷹）
心形的臉就像集音器一樣，能收集聲音！
獵物發出的聲音再微小也不放過。
能自由自在的轉動脖子，鎖定獵物的動靜。
完全不會發出聲音的從空中襲擊獵物！
是安靜的夜間獵人。
白天在睡覺。
會吃老鼠，所以很得農家的喜愛。
明明就是貓咪比較可愛
貓
提問專區
Q.不過，總不可能把脖子轉到後面去吧？
老鼠
A.可以。
能轉到270度左右喔。
貓頭鷹的爪子在猛禽類中是最強的，非常著名！
狩獵時，能一爪把獵物的骨頭抓得粉碎！！
是老鼠的命運!?

倉鴞讓鼠

從最新研究得知，倉鴞雛鳥具有兄弟姊妹
「彼此禮讓」食物的習性。
變成適口大
小的老鼠
親鳥帶回食物時，
雛鳥們……不會
爭先恐後，而是
以叫聲來表現自
己的「肚子餓程
度」，進行某種
「會議協商」。
唧——
（肚子餓了）
嘰嘰——
（肚子相當餓）
ㄎㄚ ㄎㄚ ㄎㄚ
（不吃就會死了）
真的嗎？
然後優先把食物「禮讓」給肚子最餓的雛鳥吃。雖然這個習性在
鳥類中極為罕見，但為了避免把體力浪費
在無謂的爭執上，這應
該可說是非常先進且
聰明的行為吧！
所以「森林賢者」
這個別名應該不是
隨便獲得的。
哎，那就
沒辦法了
哎，那樣就
沒辦法了
真是謝謝了
下一個
是我喲
咕嘟
咕嘟
咻嚕嚕

肉食系大賢人
鵰鴞
世界最大的貓頭鷹類！
翼展接近兩公尺長。
學名 Bubo bubo
有像耳朵般的羽毛（耳羽）的貓頭鷹，在日文與中文裡叫「角鴞」，但在英文中，貓頭鷹跟角鴞都稱為「OWL」。
Say Ho——!!
A.K.A. 鵰鴞Q
A.K.A. MEN貓頭鷹*
角鴞和貓頭鷹除了實際看到的外觀之外，並沒有什麼不同。
只要是活的動物，就通通都吃！
老鼠是一定有的
兔子
貓
狐狸
綿羊
蝙蝠
刺蝟
鷺鷥
海鷗
老鷹
唬
……而且，連其他貓頭鷹也會吃呢!!
無法隱藏不安的MEN貓頭鷹
貓頭鷹類有一種習性，會把沒辦法消化的東西（骨頭或毛等）集結成類似蠶繭的形狀再吐出來，稱為「食繭」！
這是了解鳥類食性的重要線索喔。
呸
飲食生活如此多采多姿的鳥類是非常罕見的。
真的？

沒有消化完的老鼠的一部分。

＊ 倉鴞的日文拼音為Men-Fukuro，也就是Men貓頭鷹。

飛舞下來的Huuhkaja（呼卡雅）

2007年在赫爾辛基舉辦的國際足球賽中，芬蘭對比利時的那一場比賽……
居然有一隻巨大的鵰鴞降落在足球場上！導致比賽暫時中斷……
20
一點也不怕人的鵰鴞在足球場的上空悠然盤旋，或在雙方球隊的球門上方悠哉飛舞……緊張的觀眾完全忘記球門跟球的存在，只是看著自由奔放的鵰鴞，大喊著「Huuhkaja」。
（鵰鴞的芬蘭文）
Huuhkaja
Huuhkaja
Huuhkaja
哇啊
Huuhkaja
啊啊
嚴格的裁判也不由得露出微笑
不久之後，鵰鴞慢慢的從足球場飛走了……接著，芬蘭獲得2分取得勝利！鵰鴞成為帶來幸運的吉祥物，於是全世界也都以「Huuhkaja」來稱呼芬蘭國家足球隊了。
後來大家知道那隻鵰鴞就棲息在市內，於是將牠命名為「布比」，而且不知為何還頒發赫爾辛基市民獎給牠呢。

春宵苦短，前進吧 鴞鸚鵡

世界上唯一「不會飛的鸚鵡」！

中文別名為「貓面鸚鵡」喔。紐西蘭的可愛鳥類，但是瀕臨滅絕的危機……！

誰啊？
不知
世界最重的鸚鵡
3～4公斤
有2～3隻雞那麼重。

Kakapo在毛利語的意思是「夜晚的鸚鵡」，鳥如其名，牠是夜行性鳥類，晚上獨自在森林裡漫步。

能以發達的嗅覺找出食物喔。

翅膀退化，變得很小！

大概只有從樹上飛下來的時候會用到……

以綠色的身體，將自己順利融入草木背景之中。

哈斯特巨鷹
據說翼展可達三公尺長

一般認為是為了保護自己，不讓曾經存在的巨大鷹鷲類看見。
（變成夜行性也是因為如此）

主食是樹實，特別喜歡紐西蘭陸均松樹實。

鴞鸚鵡豆知識

極為長壽，可能活90年以上……？

鳥中的長壽翁。

身體會散發出獨特香氣。

類似小蒼蘭或蜂蜜的氣味。

真的嗎？

蜂蜜

很親近人類！也曾想跟人（的頭）交配……

嗚

哇！

有獨特繁殖行為，稱為「群體展示一夫多妻」。夜晚時，雄鳥們會聚集在開闊的山丘，像在「夜店」開趴一樣。

各自從挖掘的洞中，發出能傳到幾公里外的低沉叫聲，吸引雌性。

噗—嗯

噗——嗯

好迷人啊

身體會膨得很大

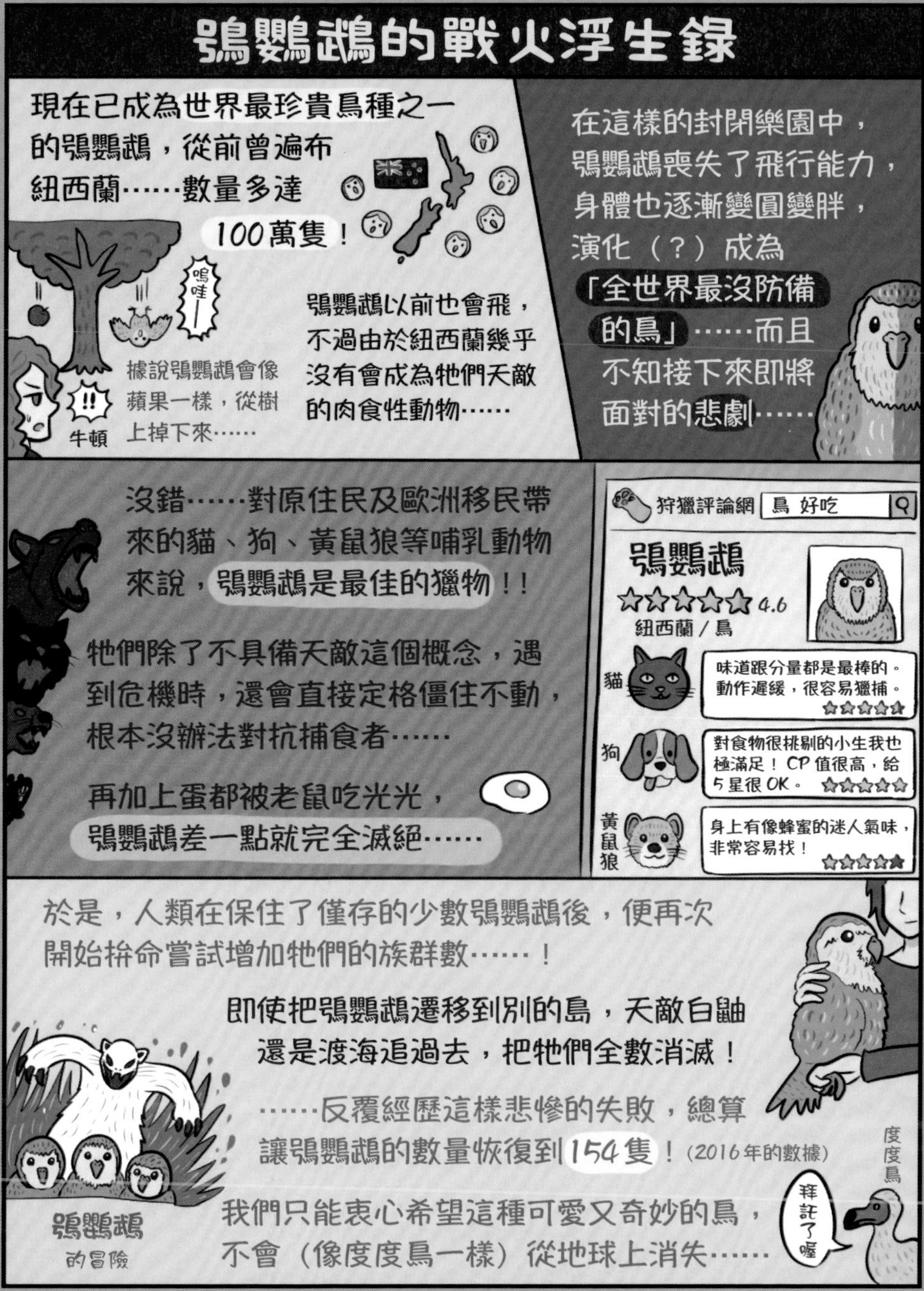
鴞鸚鵡的戰火浮生錄
現在已成為世界最珍貴鳥種之一的鴞鸚鵡，從前曾遍布紐西蘭……數量多達100萬隻！
嗚哇──
據說鴞鸚鵡會像蘋果一樣，從樹上掉下來……
!!
牛頓
鴞鸚鵡以前也會飛，不過由於紐西蘭幾乎沒有會成為牠們天敵的肉食性動物……
在這樣的封閉樂園中，鴞鸚鵡喪失了飛行能力，身體也逐漸變圓變胖，演化（？）成為「全世界最沒防備的鳥」……而且不知接下來即將面對的悲劇……
沒錯……對原住民及歐洲移民帶來的貓、狗、黃鼠狼等哺乳動物來說，鴞鸚鵡是最佳的獵物！！
牠們除了不具備天敵這個概念，遇到危機時，還會直接定格僵住不動，根本沒辦法對抗捕食者……
再加上蛋都被老鼠吃光光，鴞鸚鵡差一點就完全滅絕……
狩獵評論網
鳥 好吃
鴞鸚鵡
4.6
紐西蘭／鳥
貓
味道跟分量都是最棒的。動作遲緩，很容易獵捕。
狗
對食物很挑剔的小生我也極滿足！CP值很高，給5星很OK。
黃鼠狼
身上有像蜂蜜的迷人氣味，非常容易找！
於是，人類在保住了僅存的少數鴞鸚鵡後，便再次開始拚命嘗試增加牠們的族群數……！
即使把鴞鸚鵡遷移到別的島，天敵白鼬還是渡海追過去，把牠們全數消滅！
……反覆經歷這樣悲慘的失敗，總算讓鴞鸚鵡的數量恢復到154隻！（2016年的數據）
鴞鸚鵡的冒險
我們只能衷心希望這種可愛又奇妙的鳥，不會（像度度鳥一樣）從地球上消失……
拜託了喔
度度鳥

COLUMN1 好想放在書中的遺珠！天空的動物

以「地球最快的鳥」聞名的猛禽類！
朝獵物急速俯衝的速度，可達時速 390 公里，比新幹線還要快！從古代就經常在各式各樣的神話或傳說中登場，被人類以憧憬的眼神注視至今的終極帥氣鳥類。不過在最近的 DNA 調查研究中，發現牠們的親緣關係居然不是和老鷹比較近，而是和鸚鵡比較接近……！
像這樣的反差，也是牠們的魅力之一。

傳說有「全世界最聰明鳥類」之稱的一種鸚鵡！不只會學人類說話，據說也能理解數字、顏色及形狀等抽象概念，進行「思考」……！具有相當於人類 4～5 歲小孩的智能……可是也由於非洲灰鸚鵡的聰明及可愛，牠們在故鄉非洲遭受濫捕的不幸……為了不讓世界最聰明的鳥類從地球上消失，我們一定要好好盯緊才行。

具有最小身體的可愛鳥類！
能以超高速拍打翅膀並靜止在空中，這種超絕技能「盤旋」是最出色的特殊高超技巧；能像直升機自在的飛來飛去，邊停在空中邊吸食花蜜！但也因為如此，為了維持牠們超群的運動能力，需要消耗的能量也極度高！換句話說，牠們必須不停吸食卡路里超高的「花蜜」才行，這種飲食生活其實非常艱苦……

第 2 章
水中的動物

有觸手的智者
真蛸
章魚之中最主流的章魚！
有把貝殼收集並堆積在巢穴周圍的習性喔。
有「章魚的庭園」之稱
不是「貝類墓場」嗎？
貝
墨汁裡含有讓敵人眼睛感覺刺痛的成分。
看起來像頭的部分其實是身體。
壽命約兩年！雄性在交配後死亡，雌性在卵孵化後死亡。
吸盤吸力極強
章魚最令人驚訝的能力是「擬態」！
章魚嗎!?
!!
糟了
當有危險逼近時，就會把身體的顏色和質感，變化成跟周圍環境（岩石等）類似呢。
也有改變顏色進行威嚇的章魚
殺死你
藍環章魚
章魚的皮膚上有數百萬個色素細胞（裝有色素的袋子），只要像液晶螢幕那樣排列組合細胞內的色素，就能進行「擬態」了喔！
砰咚 砰咚
什麼嘛～是貓啊
喵～
很怪吧？
貝

銀翼章魚*
章魚被稱為「最聰明的無脊椎動物」！在無脊椎動物中，具有最多的神經細胞（大約5億）。
據說牠們的學習能力比大半的鳥類還要好……
學習能力似乎比褐頭山雀還好
這是什麼啦！
停！
章魚好像能分辨人類的長相
臉部辨識
章魚燒很好吃
在水族館看到「餵食的人」時，會很高興的湊過來……
但看到可能是敵人的人時就會對他噴水
嗚哇——
特別是章魚解決問題的能力，更是高得超凡……！
打開瓶蓋脫逃
打開放有螃蟹的瓶子
嗚哇——
看其他章魚的行為，「學習」打開瓶蓋的方式
嗯哼嗯哼
原來如此
嗚哇——
在章魚大約5億個神經細胞中，有3億個左右位於腕部的神經節……章魚的觸手是「會思考的觸手」呢！
「九個腦」可像是網際網路般，將眾多情報分散處理。
沒有保護身體的殼，也沒有同伴的孤傲章魚，
不只在嚴酷的競爭世界「海洋」中存活下來，
還在幾億年之間獲得了最大武器……
那就是高度發達的「智能」！
嗚哇——
給我！這傢伙！

* 仿自《銀翼殺手》。

崖上的扭扭
日本鰻鱺

日本人很熟悉的高級魚！

……但卻面臨滅絕的危機。

日本鰻鱺的祖先原本是深海魚類，大約1億年前就存在了。

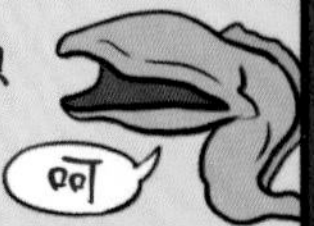
寬咽魚
呵

雖然眼睛不怎麼大，但據說嗅覺和狗一樣敏銳。

鰻犬

肛門在這附近
鱗片很小
夜晚變得很活潑
上溯鰻魚，有直線上升的意思。
日本鰻鱺是從泥巴裡誕生的喔！
隨便說說的亞里斯多德

是營養豐富又很可口的魚，從古時候就很受喜愛。

只不過血液有毒，一定要煮過才行。

全身被黏答答的黏液覆蓋，可以用皮膚呼吸！也能在陸地或垂直的岩石上移動喔。

分辨日本鰻鱺和繁星糯鰻

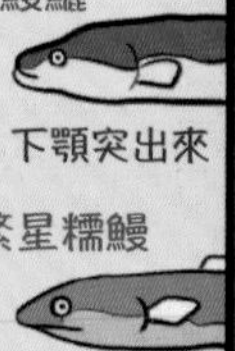
日本鰻鱺
下顎突出來
繁星糯鰻
上顎突出來

斑腿蝗*
和蝗蟲很像

對於日本鰻鱺的生態，直到最近才終於弄清楚。

在明治14年（1881年），報紙報導有人發現身體一半是山藥的日本鰻鱺……當時的專家還發表評論：「那樣的鰻鱺一點也不稀奇」……

全都隨便說說
山藥
山藥泥

在近年的調查中，總算查明了日本鰻鱺的成長過程。

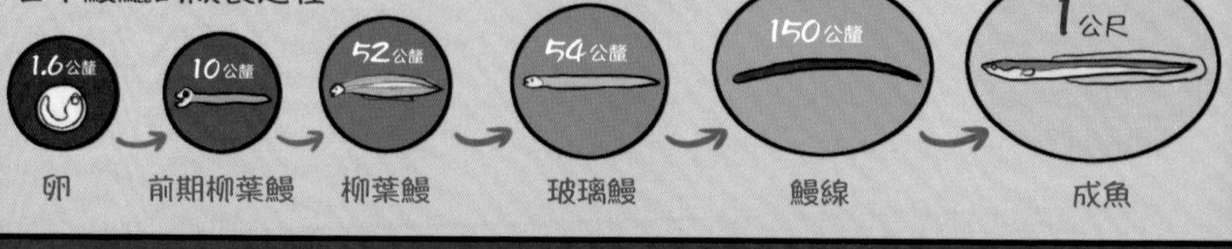
1.6公釐
10公釐
52公釐
54公釐
150公釐
1公尺
卵
前期柳葉鰻
柳葉鰻
玻璃鰻
鰻線
成魚

＊日文拼音 inago 與繁星糯鰻 anago 相似。

日本鰻鱺，直到永遠

日本鰻鱺的產卵地，長期以來都是一個謎團……但在極為困難的調查之後，總算確定產卵地是在馬里亞納海溝的海嶺！

黑潮
馬里亞納群島
產卵地
駿河海山
意外的非常遙遠

新月鰻的相親活動
你的興趣是什麼？
潛水吧……

在6～7月的新月期間，許多日本鰻鱺會聚集過來產卵……然後順著黑潮北上！實在是充滿謎團的生活史呢！

日本鰻鱺的漁獲量在這幾十年驟減，終於在 2013 年被指定為瀕危物種了……

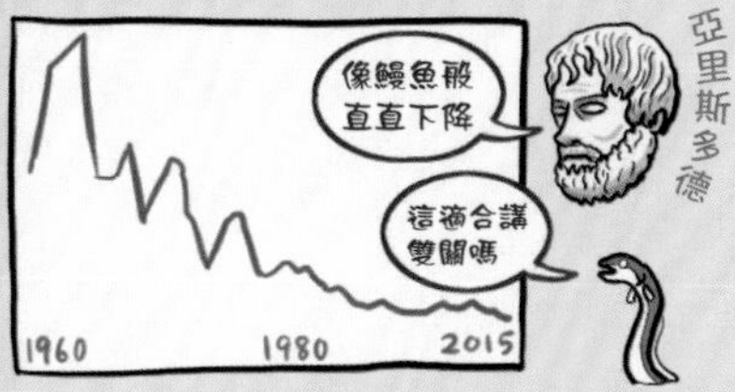
1960
1980
2015
像鰻魚般直直下降
亞里斯多德
這適合講雙關嗎

驟減的原因有濫捕、水質汙染、河川環境惡化等各種說法，不過以違法的濫捕為最嚴重的問題。

嗚哇——
（想像圖）

有些不好的傳聞說，市面上看得到的日本鰻鱺，大約有一半都是違法買賣得來……

嗚哇

現在流通的日本鰻鱺大多是養殖的，但其實是捕捉野生的鰻線來飼養，所以假如天然的日本鰻鱺減少了，就吃不到養殖的了！

雖然也有以人工方式孵化日本鰻鱺的「完全養殖」研究在進行中，但距離實用還很遠。

為了防止既可愛又神祕且美味可口的日本鰻鱺從地球上消失，我們有必要知道牠們的實際狀況才行。

100年後的未來
「上溯鰻魚*」的鰻魚究竟是什麼？
不是喔

＊日文拼音為うなぎのぼり（unaginobori），聽起來與鯉魚旗こいのぼり（koinobori）相似。

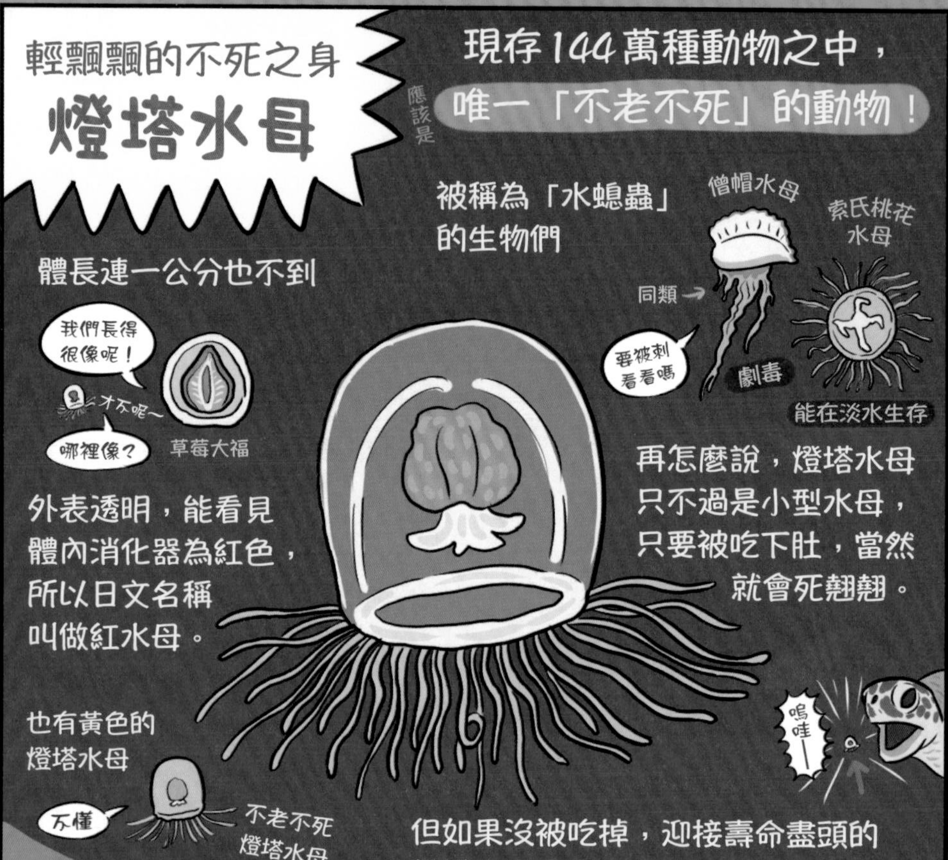

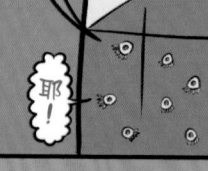

輕飄飄的不死之身
燈塔水母
現存144萬種動物之中，
應該是
唯一「不老不死」的動物！
被稱為「水螅蟲」
的生物們
僧帽水母
索氏桃花
水母
同類
要被刺
看看嗎
劇毒
能在淡水生存
體長連一公分也不到
我們長得
很像呢！
才不呢～
哪裡像？
草莓大福
外表透明，能看見
體內消化器為紅色，
所以日文名稱
叫做紅水母。
再怎麼說，燈塔水母
只不過是小型水母，
只要被吃下肚，當然
就會死翹翹。
嗚哇——
也有黃色的
燈塔水母
不懂
不老不死
燈塔水母
但如果沒被吃掉，迎接壽命盡頭的
燈塔水母會在死之前「恢復青春」，
所以理論上能永遠活下去……！
1992年，
在義大利南部的
大學……有一天，負責飼養
燈塔水母的學生不小心把水槽放著不管就忘記了！
後來他並沒有看到水母的屍體，
反而出現了大量的水母寶寶。
牠們究竟是怎麼誕生的呢……？
耶！
這是人類首次見識到燈塔水母
不可思議能耐的瞬間。
耶！

明日帝國

當燈塔水母受到外敵攻擊而受傷，或因為環境變化而在生存上出現困難時，會沉到海底，把身體變成一顆球狀。

好痛
快死了
……

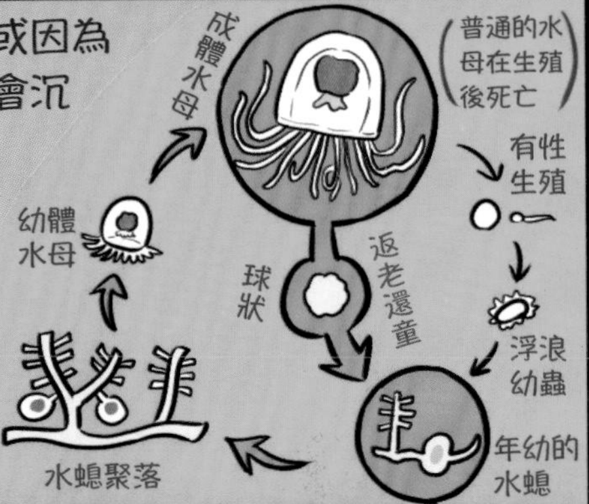
成體水母
普通的水母在生殖後死亡
有性生殖
浮浪幼蟲
年幼的水螅
水螅聚落
幼體水母
球狀
返老還童

一般的水母在死亡後就會消滅，但是燈塔水母居然能從這個狀態再次變成水螅……！
換句話說，就是「返老還童」！

為什麼燈塔水母能違反規則，讓「返老還童」變得可能呢？那個祕密跟「染色體」有很大的關係。

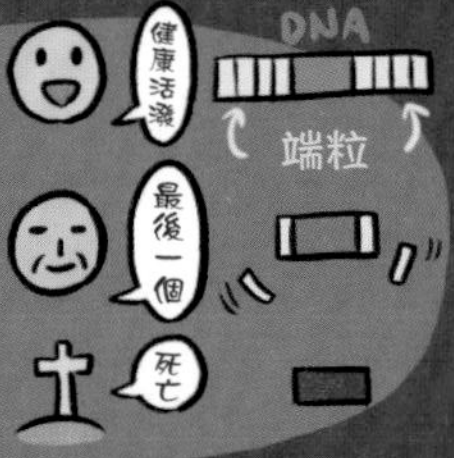
健康活潑
DNA
端粒
最後一個
死亡

動物的染色體有稱為「端粒」的部分，也被稱為「細胞分裂的回數票」。
平常，在反覆進行細胞分裂後，端粒會減少，最後細胞就死亡了……

健康活潑
要死了
騙你的
砰
你騙我啊
海月水母

但是燈塔水母的細胞卻能夠以酵素修復端粒，無限制的持續進行細胞分裂！

能跟「蝴蝶變回毛毛蟲」匹敵的，奇蹟似的燈塔水母「返老還童」系統……

想飛
無法達成的夢！
我要飛
在天空！
還是回去好了
往大地！

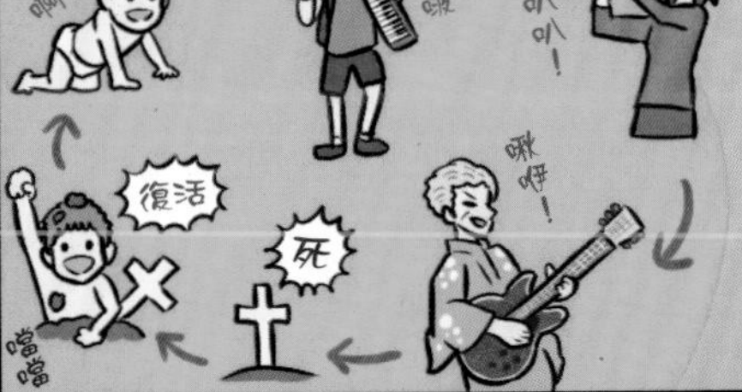
啊！
噗、啵
叭叭！
啾呀！
死
復活
噹噹

假如能解開隱藏在那些細胞中的謎團，人類無止盡的夢想「永生」實現的日子也就可能到來……

Who wants to live forever?*
誰願永生不死？
有吧。

* 皇后合唱團經典歌曲。

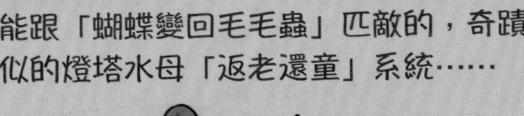

在波浪間漂盪的毒天使

大西洋海神海蛞蝓

看起來完全不像是真實存在這個世界的動物，長得很不可思議，不過卻是海蛞蝓（裸鰓類）的同類喔！

哞～

日文漢字寫成「青蓑海牛」

放棄爭辯的海蛞蝓

在日本分布於南西群島及小笠原群島等地

愚蠢的人們

咻～

英文稱為sea swallow（海燕），也有藍天使、藍龍等別名喔。

還不快拜見。

大小為20～50公釐

被刺到就會有危險。好孩子不可以把牠放在手上。

由於是海蛞蝓，所以雌雄同體。

□ 公
□ 母
☑ 雙方

多樣性

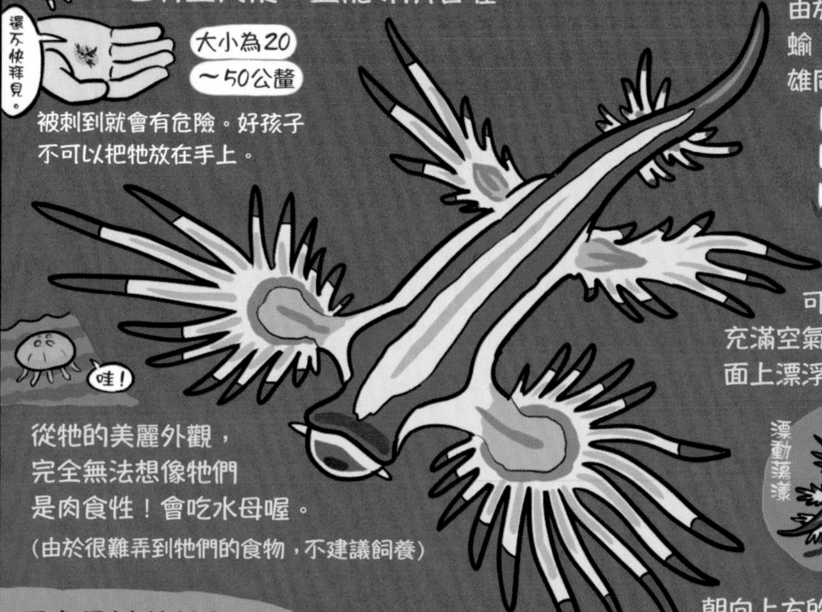

可讓胃裡充滿空氣，在水面上漂浮喔。

從牠的美麗外觀，完全無法想像牠們是肉食性！會吃水母喔。

（由於很難弄到牠們的食物，不建議飼養）

漂動蕩漾

好～舒～服～

朝向上方的是腹部！

不容易被外敵發現的多彩

從上方俯視水面

從下方仰望日光

就會和企鵝看起來一樣。

原來如此

你沒興趣吧。

漂動 蕩漾

好～舒～服～

咻咻 呼呼

蝙蝠

頭下腳上倒掛在海面（天花板）這點，跟蝙蝠很像吧？

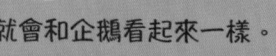

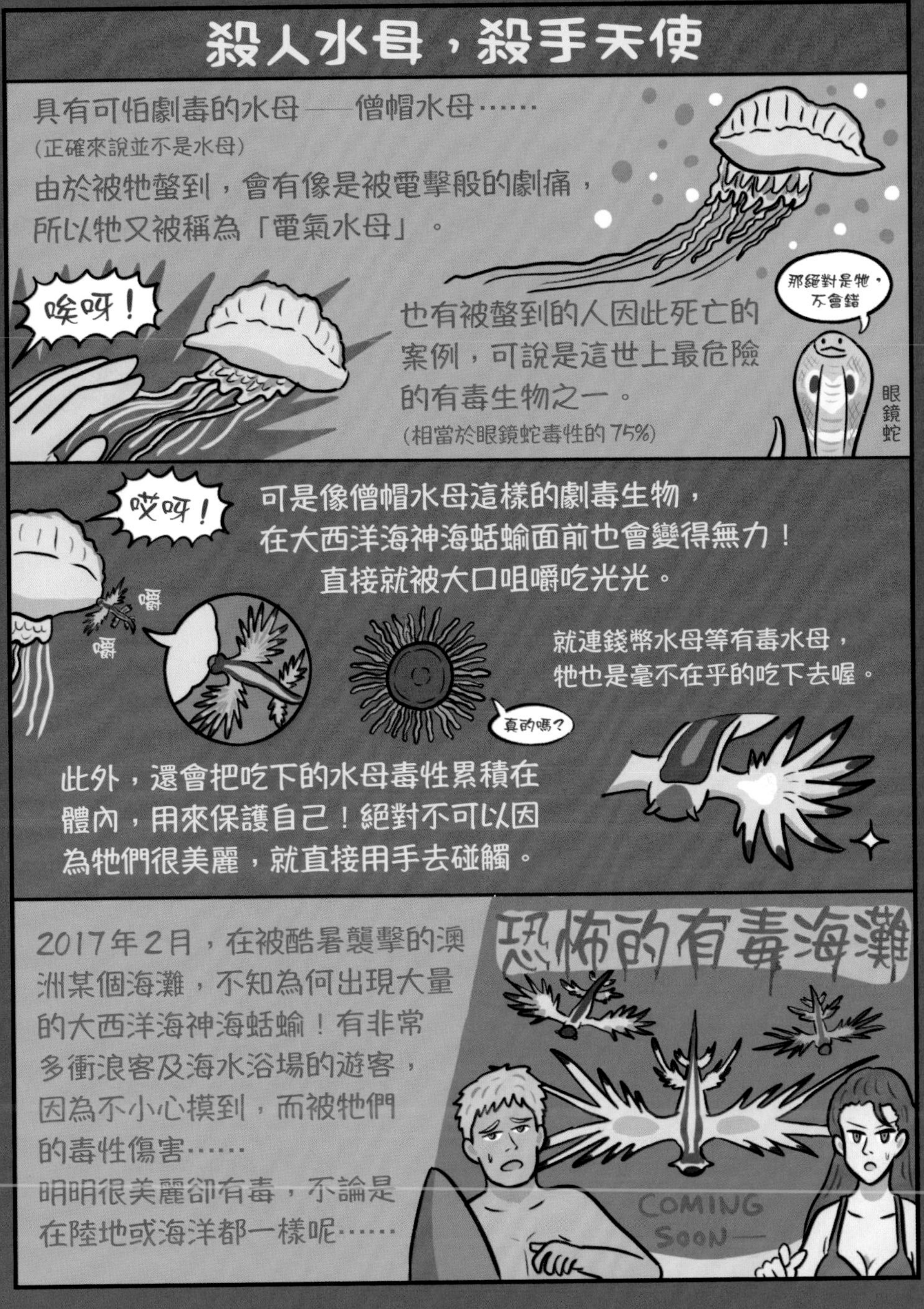
殺人水母，殺手天使
具有可怕劇毒的水母——僧帽水母……
（正確來說並不是水母）
由於被牠螫到，會有像是被電擊般的劇痛，
所以牠又被稱為「電氣水母」。
唉呀！
也有被螫到的人因此死亡的
案例，可說是這世上最危險
的有毒生物之一。
（相當於眼鏡蛇毒性的75%）
那絕對是牠，不會錯
眼鏡蛇
哎呀！
可是像僧帽水母這樣的劇毒生物，
在大西洋海神海蛞蝓面前也會變得無力！
直接就被大口咀嚼吃光光。
嚼
嚼
就連錢幣水母等有毒水母，
牠也是毫不在乎的吃下去喔。
真的嗎？
此外，還會把吃下的水母毒性累積在
體內，用來保護自己！絕對不可以因
為牠們很美麗，就直接用手去碰觸。
2017年2月，在被酷暑襲擊的澳
洲某個海灘，不知為何出現大量
的大西洋海神海蛞蝓！有非常
多衝浪客及海水浴場的遊客，
因為不小心摸到，而被牠們
的毒性傷害……
明明很美麗卻有毒，不論是
在陸地或海洋都一樣呢……
恐怖的有毒海灘
COMING
SOON—

終極不可思議生物

鴨嘴獸

像是把河狸的身體和鴨子的喙部組合在一起，令人難以置信的奇妙生物！

也有個別名為「創造論者的惡夢」。

英文名 Platypus 的意思是「扁平的腳」

除了澳洲以外幾乎看不到

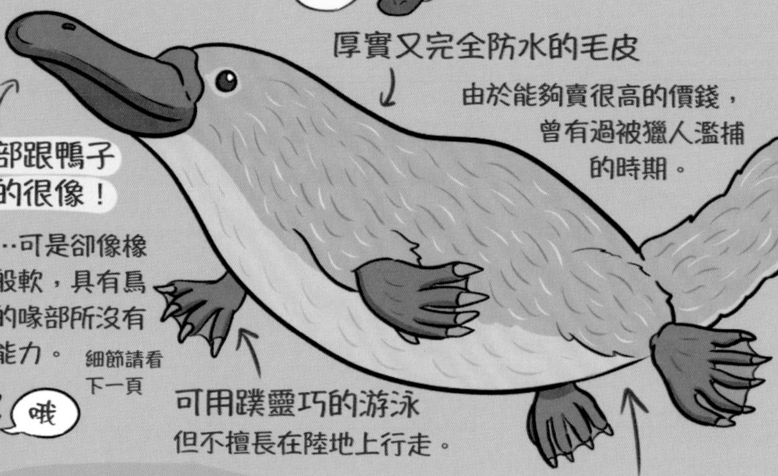

厚實又完全防水的毛皮

由於能夠賣很高的價錢，曾有過被獵人濫捕的時期。

喙部跟鴨子的很像！

……可是卻像橡皮般軟，具有鳥類的喙部所沒有的能力。細節請看下一頁

可用蹼靈巧的游泳

但不擅長在陸地上行走。

尾巴可當成「舵」來使用，

也能搬運築巢的材料……

肛門、生殖器、尿道全都使用同一個洞！

具有這種特徵的哺乳類只有鴨嘴獸和針鼴。

是被稱為「單孔類」的最原始分類群。

名叫針鼴，但跟鼴鼠毫無關係。

外觀從以前到現在都沒有改變，所以被稱為「活化石」。……可是據說在1500萬年前，鴨嘴獸的體長超過一公尺呢。

（想像圖）

好像是以強而有力的牙齒捕食肺魚等。

附帶說明，鴨嘴獸現在還是算肉食動物喔！（會吃蝦子、貝類、小魚、蟲子）

這很了不起喔！鴨嘴獸
1
產卵
幾乎是唯一會產卵的哺乳類
一次大約產兩顆卵
最初主張「鴨嘴獸卵」的學者被當成白癡，還被說「回去把動物學的基本從頭學起」呢！
真糟糕
小鴨嘴獸
卵的尺寸比日幣100圓硬幣小喔。
由於鴨嘴獸沒有乳頭（！），所以小鴨嘴獸們吃的母乳，是從乳腺分泌出來，再滲到媽媽肚子的毛上。
舔
舔
好像沒有乳頭也沒關係
2
電子定位
嘴喙密集分布大約4萬個電子感應器，有察覺由獵物發出來的生物電流的能力!!
電鰻
殺死你
這是只有特殊的魚類、蟲類或鯊魚才會使用的超稀有技能！
鴨嘴獸的狩獵並不依賴眼睛、耳朵、鼻子，即使在一片漆黑的水中也是……
不小心的小魚
因為很暗，反而很安心。
生物電流
嗚哇——
真是太可怕了！
電子定位
3
毒針
後腳偷偷帶著毒針（只有雄性）！
這當然不用多說，具有毒性的哺乳類是極為罕見的！
另一種有毒的是在電影《動物方城市》裡出現的鼩鼱。
看！這就是鴨嘴獸的毒
葡萄狀的毒腺
導管
毒針
毒槽
腳
鴨嘴獸毒跟蝮蛇毒屬於同樣的類別，是強力的出血性毒。隨便就能夠殺死一隻狗。
殺死你
答客問專欄
柴犬也會死嗎？
答案：會死。
鴨嘴獸的生態，至今仍有許多謎團尚未解開……
完

南極大帝
皇帝企鵝
世界最大的企鵝！
體長約130公分
長冠企鵝
阿德利企鵝
國王企鵝
皇帝企鵝
毫無關係的六歲小孩
別名：帝王企鵝
巴布亞企鵝
為什麼是皇帝？
因為比國王企鵝還大……
雖然有這種隨便命名說，但不知道是真是假。
具有鳥類最強的潛水能力，可到水深600公尺，潛水20分鐘以上。
真厲害
棲息地在南極大陸！
使用衛星從太空調查族群數，發現大約為60萬隻。和東京八王子市或九州鹿兒島市的人口差不多。
稱為鰭肢
骨
為了游泳而演化（退化？）的企鵝獨特翅膀
經常發生的錯誤
和白熊（北極熊）並列
歡迎來到北極
北極沒有企鵝……或應該說北半球沒有企鵝。*
（不過水族館的除外）
附帶一提，日本的企鵝飼養數目是全世界之冠。
明明就不能飛還要稱做翅膀……
海鷗
呵呵
「平底雪橇」冰上移動法！
趴在地上用肚子滑的速度，會比用走的還要快。
（平底雪橇是一種小型的雪橇）
啪嚓
好痛
也可以當武器。

傳說有人被打到骨折……

＊ 加拉巴哥環企鵝是唯一生活在赤道北邊的企鵝，所棲息的加拉巴哥群島剛好有赤道橫越。

冰上的熊!!!
北極熊
分布於北極圈及加拿大
北部等極寒之地的白色熊！
也是陸地上最大的肉食獸喔！
主食是海豹和魚！
嗚哇——
嗚哇——
白色的體毛
其實是透明的
毛是中空的，
由於光的散射
而發出白
色光輝。
保溫效果
絕佳！
只不過非
常怕熱
受不了
分類學上跟棕熊最接近！
也能跟棕熊交配呢。
北極熊
棕熊
搖擺的
自我定位
雜交種
2006年在
加拿大發現
和其他熊不同，
腳掌覆蓋著很
長的毛。
具有讓腳溫暖和
止滑的效果！
使用大大的前腳
靈巧的游泳喔！
據說時速可到
十公里左右。
（捷泳選手的時速為七公里左右）
最遠游泳紀錄居然有 687
公里……（相當於東京到
函館的距離）
這是由於地球暖化使
冰山減少的影響……？
受不了
冰

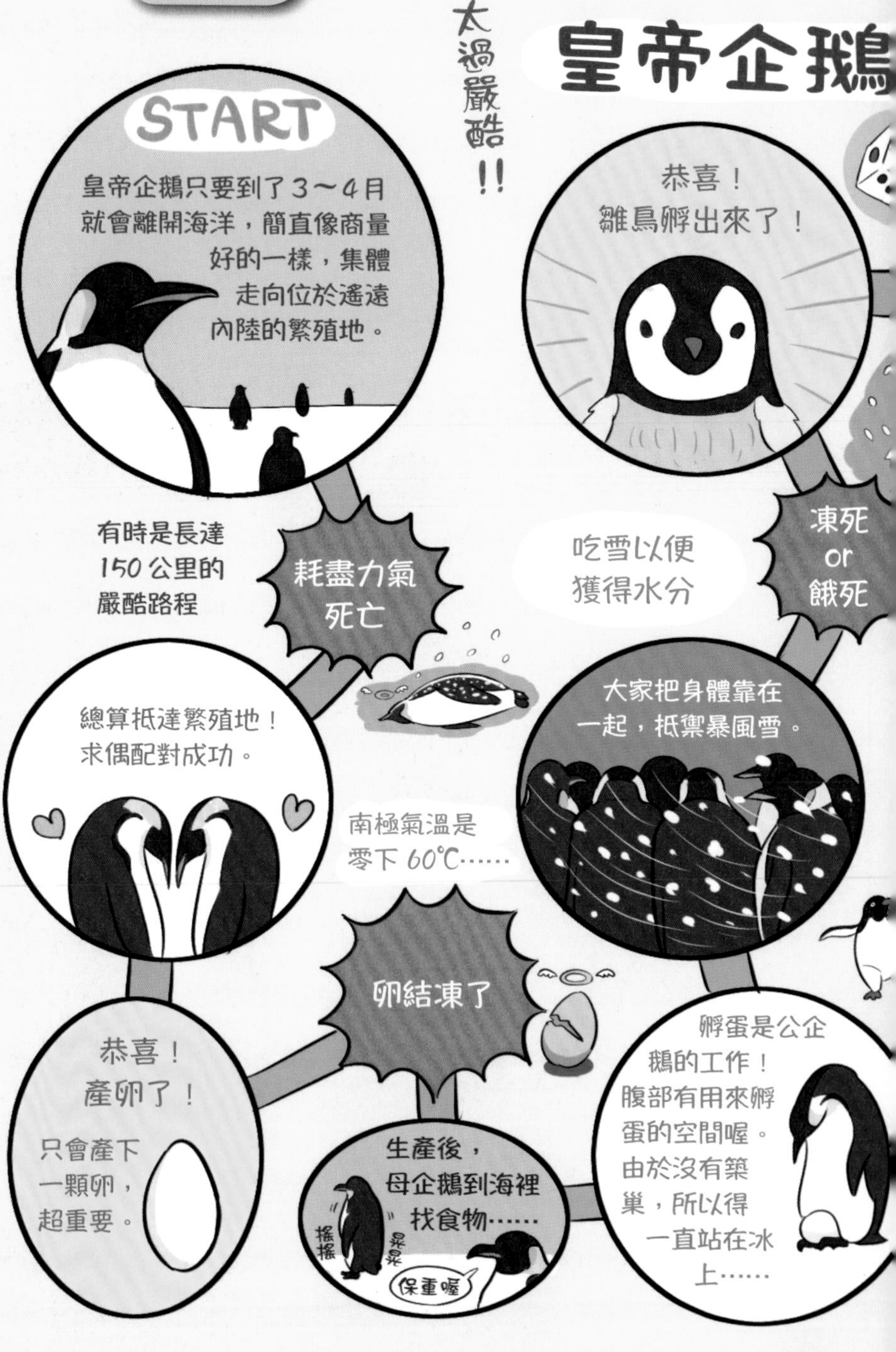
太過嚴酷!!
皇帝企鵝
START
皇帝企鵝只要到了3～4月就會離開海洋，簡直像商量好的一樣，集體走向位於遙遠內陸的繁殖地。
有時是長達150公里的嚴酷路程
耗盡力氣死亡
總算抵達繁殖地！求偶配對成功。
恭喜！產卵了！
只會產下一顆卵，超重要。
南極氣溫是零下60℃……
卵結凍了
生產後，母企鵝到海裡找食物……
搖搖
晃晃
保重喔
孵蛋是公企鵝的工作！腹部有用來孵蛋的空間喔。由於沒有築巢，所以得一直站在冰上……
大家把身體靠在一起，抵禦暴風雪。
凍死 or 餓死
吃雪以便獲得水分
恭喜！雛鳥孵出來了！

育幼大富翁

（紅格子代表遊戲結束）

母企鵝為了養育雛鳥，在海中大量攝取食物。
魚或磷蝦等
被海豹襲擊！
等待母企鵝時，公企鵝會將稱為「企鵝奶」的乳狀分泌物餵給雛鳥吃，抵擋飢餓。
好餓啊
有時公企鵝也會放棄雛鳥……
抵擋不住，餓死
母親總算回來了！！
我回來了
！！
照顧雛鳥的工作交棒一次。
那是誰？
在長達幾個月的絕食後，極度衰弱的公企鵝為了覓食而前往大海——
晃晃
保重啊
要去哪？
可是，有許多在抵達海洋之前就死亡了。
在那之後，母企鵝和公企鵝（假如活著的話）繼續輪流育幼。
被其他企鵝搶走雛鳥
咦！？
不見了
嗚哇！
犯人是雛鳥死亡的親鳥
雛鳥們開始形成「托兒所」集團，這是邁向自立的第一步喔。
有時托兒所含數千隻小企鵝
雛鳥們在成鳥的保護下，一點一點成長，走向海洋。
被賊鷗抓走！
嗚哇！
GOAL
成長的雛鳥前進海洋！然後約四年之後，就跟牠們的雙親一樣，再度前往遙遠的內陸……

很嚴酷!!
北極熊
START
懷孕母熊在秋天時就會儲存脂肪，並前往巢穴。
盡量靜靜不動
保存體力……
紅格子代表遊戲結束
在巢穴中生產
一般是兩隻
北極熊新生兒在熊類之中特別小
體重只有0.7公斤左右
初春從巢穴出來
形銷骨立
母熊是絕食半年的狀態
小熊成長到10～12公斤
好辛苦
小熊第一次玩雪
這是什麼?
白色的
不知道～
好冰啊
北極熊的好奇心非常旺盛
母熊以母乳養育小熊。乳脂肪成分是熊類的奶中最豐富的!
小熊被狼搶走了
嗚哇—
狩獵練習!
有事嗎?
通常都抓不到……
冰層裂開，小熊掉到海裡。
找到海豹的巢穴，用前腳很用力的把冰層敲破!
嗚哇!
發現鯨魚屍體和其他熊一起和樂分享。
對於大型獵物，有時會大家一起分享呢。
公熊間的打鬥!
生氣的公
有時也會
死小熊。

育幼大富翁
小熊是看媽媽的打獵狀況來學習
獵捕海豹！
躲在水中偷偷逼近……！
咻～
嗚哇——
小熊被大西洋睡鯊*攻擊！
* 傳說有能活上數百年的北海鯊魚會吃北極熊……！？
獵捕海豹 2
不被發現的從冰上迂迴繞過去！
偷偷的
小熊被海象的牙刺中
嗚哇——
北極熊有時也會獵捕海象，不過海象的長牙很危險！
still-hunt
伏擊
噓——
耐心等待，直到海豹出來。
嗚哇——
成功！！
GOAL
母熊把小熊留在後面，冷酷的轉身離去……
這是身為熊媽媽最後的責任……
好像已經來到分別的時刻……
小熊的狩獵能力變得愈來愈好……
嗚哇！
親子合力把公熊趕跑了！
小熊被殺死了……
1.2.3.4
5.6
STOP!!
最後的試煉
遇到脾氣暴躁的公熊，行動暫停！擲骰暫停一次。

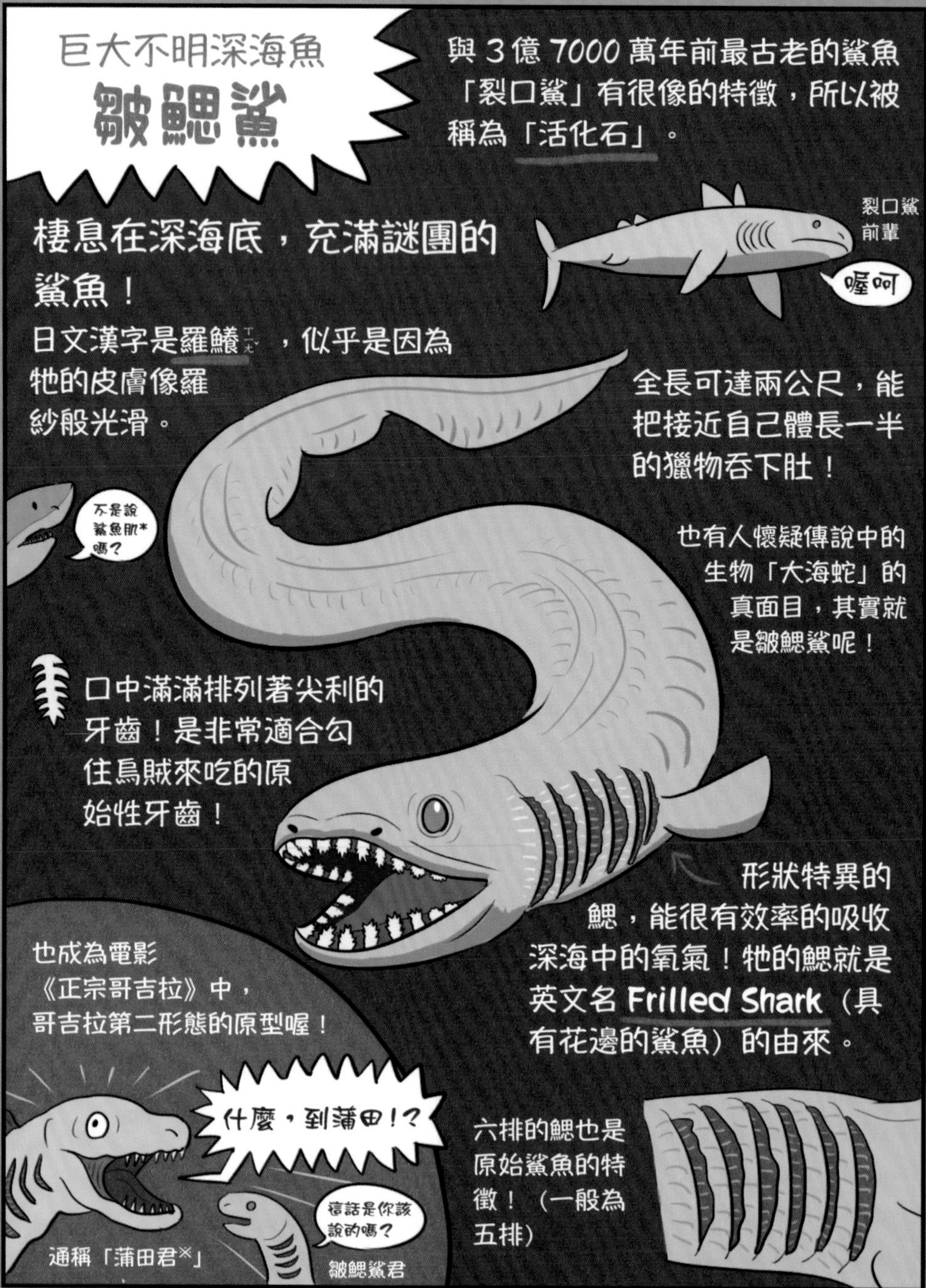
巨大不明深海魚
皺鰓鯊
與 3 億 7000 萬年前最古老的鯊魚「裂口鯊」有很像的特徵，所以被稱為「活化石」。
裂口鯊前輩
喔呵
棲息在深海底，充滿謎團的鯊魚！
日文漢字是羅鱶，似乎是因為牠的皮膚像羅紗般光滑。
不是說鯊魚肌*嗎？
全長可達兩公尺，能把接近自己體長一半的獵物吞下肚！
也有人懷疑傳說中的生物「大海蛇」的真面目，其實就是皺鰓鯊呢！
口中滿滿排列著尖利的牙齒！是非常適合勾住烏賊來吃的原始性牙齒！
形狀特異的鰓，能很有效率的吸收深海中的氧氣！牠的鰓就是英文名 Frilled Shark（具有花邊的鯊魚）的由來。
也成為電影《正宗哥吉拉》中，哥吉拉第二形態的原型喔！
什麼，到蒲田！?
這話是你該說的嗎？
通稱「蒲田君※」
皺鰓鯊君
六排的鰓也是原始鯊魚的特徵！（一般為五排）

＊在日文意指粗糙的皮膚。
※哥吉拉第二形態是從日本蒲田登陸，因此被網友暱稱為「蒲田君」。

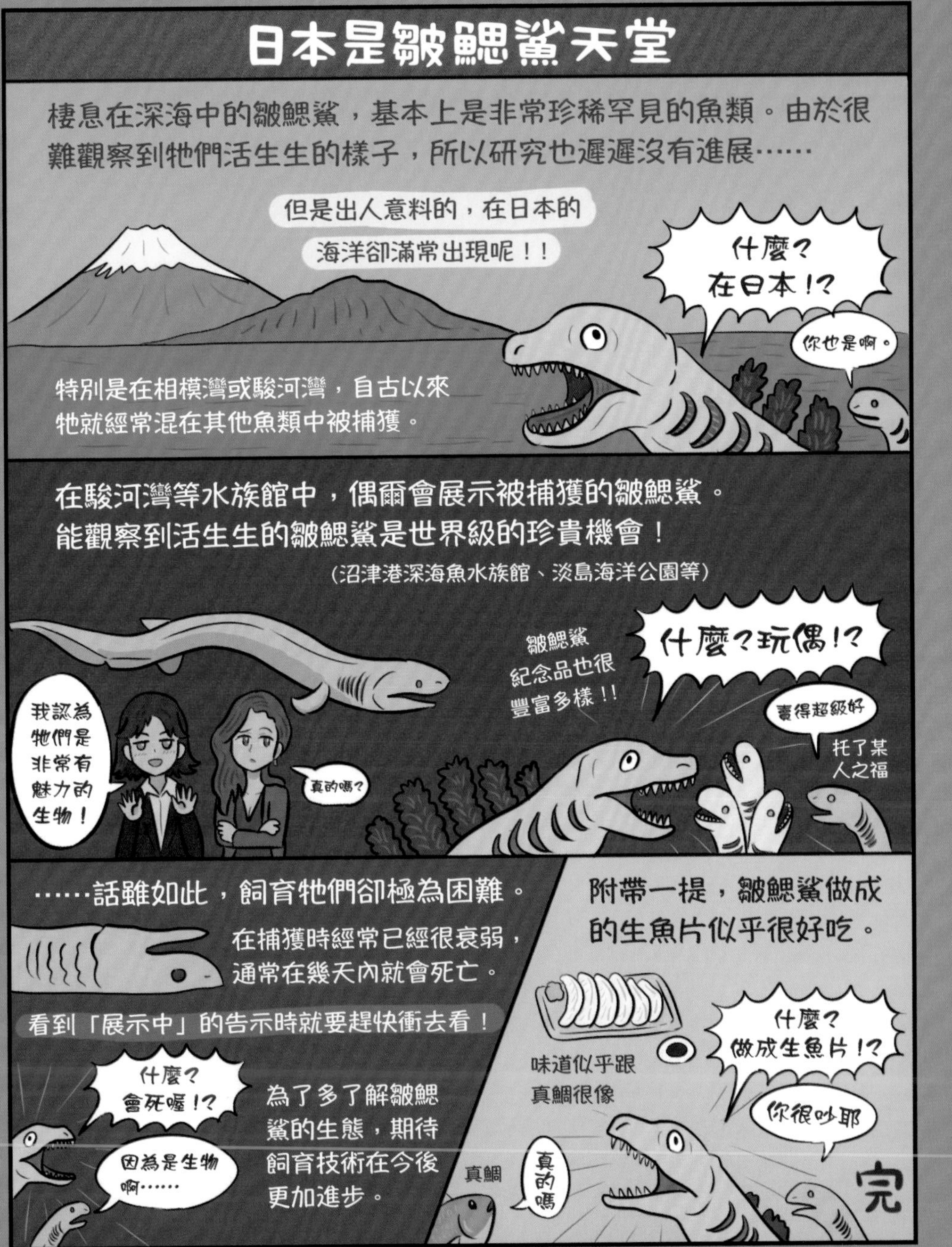
日本是皺鰓鯊天堂
棲息在深海中的皺鰓鯊，基本上是非常珍稀罕見的魚類。由於很難觀察到牠們活生生的樣子，所以研究也遲遲沒有進展……
但是出人意料的，在日本的海洋卻滿常出現呢！！
什麼？在日本！？
你也是啊。
特別是在相模灣或駿河灣，自古以來牠就經常混在其他魚類中被捕獲。
在駿河灣等水族館中，偶爾會展示被捕獲的皺鰓鯊。能觀察到活生生的皺鰓鯊是世界級的珍貴機會！
（沼津港深海魚水族館、淡島海洋公園等）
我認為牠們是非常有魅力的生物！
真的嗎？
皺鰓鯊紀念品也很豐富多樣！！
什麼？玩偶！？
賣得超級好
托了某人之福
……話雖如此，飼育牠們卻極為困難。
在捕獲時經常已經很衰弱，通常在幾天內就會死亡。
看到「展示中」的告示時就要趕快衝去看！
什麼？會死喔！？
因為是生物啊……
為了多了解皺鰓鯊的生態，期待飼育技術在今後更加進步。
附帶一提，皺鰓鯊做成的生魚片似乎很好吃。
味道似乎跟真鯛很像
什麼？做成生魚片！？
你很吵耶
真鯛
真的嗎
完

漂流的洞穴
巨口鯊

20 世紀魚類界最大發現，充滿謎團的巨大深海鯊魚！

魚如其名，具有巨大的嘴巴呢！

全長5～7公尺
體重在1.2公噸以上
棲息在水深20～1500公尺的地方

來賓
深海鯊魚同類
皺鰓鯊君

被說成是同類也……

以虛胖的柔軟巨體慢慢游泳
口中排列著許多小牙齒
約6～7公釐
尾鰭非常長

雖然牙齒化石非常稀奇，不過近年來也在日本發現了。（1000萬～300萬年前的化石）

注意 容易被認錯的生物*

機器鼠（meka-mouse）
邪惡組織製造出的殺人改造機器鼠，能用雷射光抹殺入侵者。

Ω鼠（Omega-mouse）
把戰鬥力提升到極限的前實驗用鼠。活著的目的是要向製造自己的組織復仇。

濾食

巨口鯊是「過濾」海水中的浮游生物來吃的少數鯊魚。

喔哇！
從鰓把海水排出去
喝下大量海水，「過濾」出磷蝦或小蝦子、水母並吃下去。
其他同樣是濾食性的鯊魚只有鯨鯊跟姥鯊而已。
喝一杯？
好啊。

由於被發現的巨口鯊個體極端稀少，所以牠們的生態幾乎完全是謎團。

總之，好像不好吃。
很水、很淡，不好吃。
那就別吃啊！
把人家的同類……
酥炸巨口鯊

＊巨口鯊的英文為 megamouth shark。

巨口鯊熱潮

巨口鯊最初是在 1976 年於
夏威夷的歐胡島被發現！

（從發現以來，也才經過 40 年左右而已）

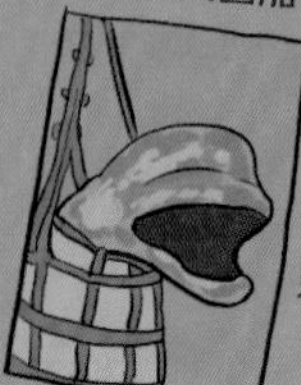

1984年美國加州

第二隻巨口鯊

在那之後，雖然每年會發現幾次，
不過即使到現在，全世界也還只有
60 個例子左右……

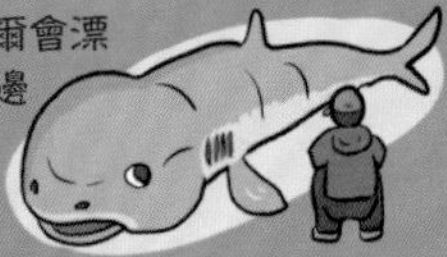

偶爾會漂到海邊

真的是很適合「夢幻鯊魚」之名的稀有度啊。

但是在 2017 年 5 月……在日本居然連續發現了兩隻
巨口鯊！！（5 月 22 日千葉／26 日三重）

好厲害的魚喔。
魚魚
魚大大
君大大

5/22 千葉縣館山市外海

5/26 三重縣熊野灘

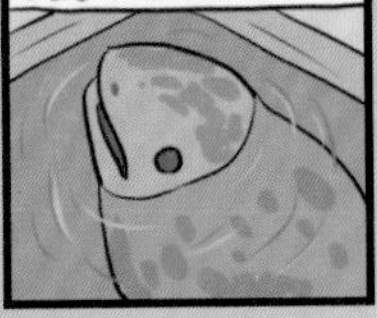

這麼短的期間內就發現兩隻，是極為罕見的例子。據說很可能跟水溫上升有關……

附帶一提，2017 年 4 月
上旬也有皺鰓鯊被日本男
團 TOKIO 捕獲
＠東京灣

雖然有人認為深海魚的出現跟地震的發生有關，不過目前為止並沒有特別找到科學上的根據。

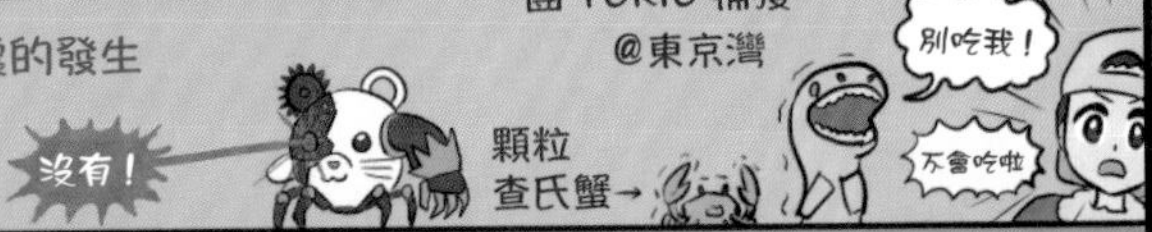
沒有！
顆粒
查氏蟹→
別吃我！
不會吃啦

TOKIO 前成員山口達也：倒是會吃螃蟹。

很遺憾的，千葉的個體在發現不久之後就死亡了。
不過三重的巨口鯊在被採集血液（珍貴研究材料！）
之後野放，慢慢回到海裡去了……

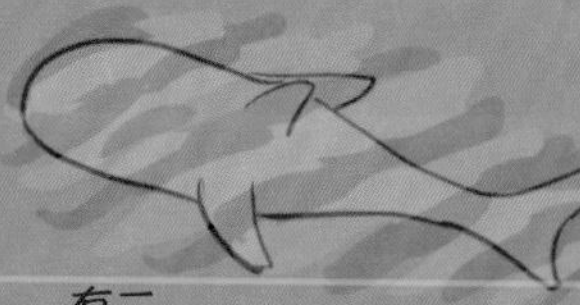

有二
就有三……吧？

今天，在附近的海洋中，可能也有這麼巨大且不可思議的生物在裡面游泳……真想邊感受這種讓人雀躍的心情，邊期待下次的發現！

回海裡……？
我無家可歸呢……
你還在這？

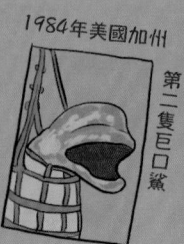

顫抖的心

斑點月魚

科學史上首次發現，能將血液保持高溫的「恆溫」魚類！

（詳情請見下一頁）

體長最大可達約兩公尺！

由於棲息在水深 0～500 公尺的深海中，所以牠們的生態充滿謎團。

附帶一提，跟翻車魨完全沒有關係，反而是跟皇帶魚的親源比較接近。

什麼？
沒親戚關係的翻車魨
說像卻一點也不像
顏色倒是滿像的
話在心中口難開的皺鰓鯊君
正面
咕嚕咕嚕
怎樣
深海幼稚園
媽媽～
小斑點月魚
什麼啊你這傢伙──
一公分左右
小皇帶魚
一起玩
要吵架就把你們吃掉
小皺鰓鯊
巨口鯊老師
壽司
你記得目前為止吃過的壽司數量嗎？

也有傳聞說，牠們在壽司店被用來當成鮪魚的替代品……

雖然實際上味道好像很接近，但由於斑點月魚本身是稀少的魚種，所以很難想像會特地用牠們來當替代品吧？

紅斑點月魚色的盜速飛車

魚類一般為「變溫動物」（和哺乳類及鳥類不同），沒辦法讓體溫保持恆定……例外是鮪魚及食人鯊在身體的肌肉周圍具有「熱交換系統」，能夠把體溫保持在較高的狀態！

一直游泳
一直游泳
熱
熱
氧氣

從鰓獲得氧氣時，熱就逃到水中去了……

COLD HEART
好冷啊

不過被加溫的只有肌肉及肌肉周圍而已，位於鰓附近的心臟還是一樣冷，沒辦法讓全身都加溫……

所以沒辦法在寒冷的深海中停留太久。

另一方面……斑點月魚和鯊魚及鮪魚不同，在鰓旁的內側就具有「熱交換系統」！也因此能讓心臟保持在溫暖的狀態。

喔
喔
喔
喔
喔
心在顫抖
HEART
幾乎要
燃燒殆盡
HEAT！！

喔
喔
喔
喔
喔

由於這個機制，所以能讓溫暖的血液在整個身體內循環（包含腦）。

一般認為斑點月魚是因為這個機制，所以才能在寒冷的深海中以高速游泳。
（並有可能捕獲像烏賊般行動迅速的獵物！）

刻劃血
液節奏
BEAT
嗚哇——

原本應該無法從具有「冰冷心臟」的「寒冷身體」這種鐵則逃脫的魚類……

卻顛覆了常識；這種熱血的存在今後也會讓斑點月魚成為注目的焦點吧！

凍結海中的長老

大西洋睡鯊

棲息在北極海中的巨大鯊魚！

以世界最長壽的脊椎動物而為人所知……！

平均壽命居然約有 200 年！！

英文名：Greenland Shark

體長為 2.5～4.3 公尺

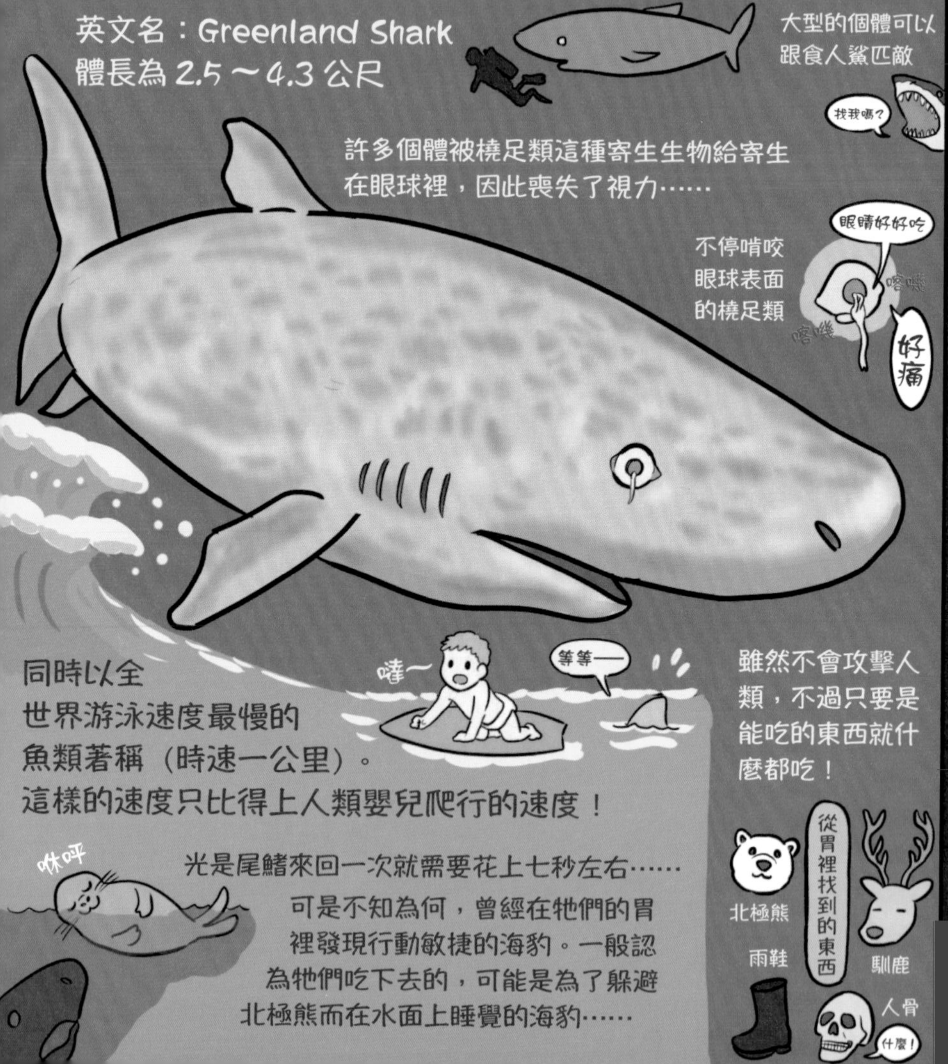

大型的個體可以跟食人鯊匹敵
找我嗎？
眼睛好好吃
喀喽
喀喽
好痛
嗟～
等等——
咻呼
從胃裡找到的東西
北極熊
雨鞋
馴鹿
人骨
什麼！

許多個體被橈足類這種寄生生物給寄生在眼球裡，因此喪失了視力……

不停啃咬眼球表面的橈足類

同時以全世界游泳速度最慢的魚類著稱（時速一公里）。

這樣的速度只比得上人類嬰兒爬行的速度！

雖然不會攻擊人類，不過只要是能吃的東西就什麼都吃！

光是尾鰭來回一次就需要花上七秒左右……

可是不知為何，曾經在牠們的胃裡發現行動敏捷的海豹。一般認為牠們吃下去的，可能是為了躲避北極熊而在水面上睡覺的海豹……

四世紀福音戰士

原本就以長壽為人所知的大西洋睡鯊中，居然還有已經活了大約400年的個體！那樣的壽命長度，在脊椎動物之中是獨占鰲頭第一名！
（在此之前，最長壽的紀錄是 211 歲的弓頭鯨。）
從眼睛的水晶體估算壽命
附帶一提，包含無脊椎動物在內，在所有動物之中排名第二！
該死！
很懊惱的弓頭鯨
不錯嘛
第一名是 507 歲的北極蛤
好傢伙
在 400 歲的大西洋睡鯊誕生之時……
（想像圖）
我是大西洋睡鯊
不論什麼都馬上吃下去
德川家康死亡（1616）
德國三十年戰爭爆發（1618）
英國清教徒抵達美國（1620）
五月花號
嗚哇——
第二次布拉格拋窗事件＊
美國
英國
真厲害
了不起
好可怕
不知是不是由於適應了可達零下一度的北極海水溫度，大西洋睡鯊的代謝速度非常緩慢，
一年大約只長一公分，
花上無止盡的時間慢慢生長。
（據說也有可能活到 500 歲呢！）
好冷啊
400 年後
……
花上久得無法想像的漫長時間，
在冰凍的海中孤獨度日的大西洋睡鯊……
在牠們混濁的眼睛之中，到底看到些什麼呢……？
……

[redacted]格拋窗事件：發生[redacted]爭的導火線。

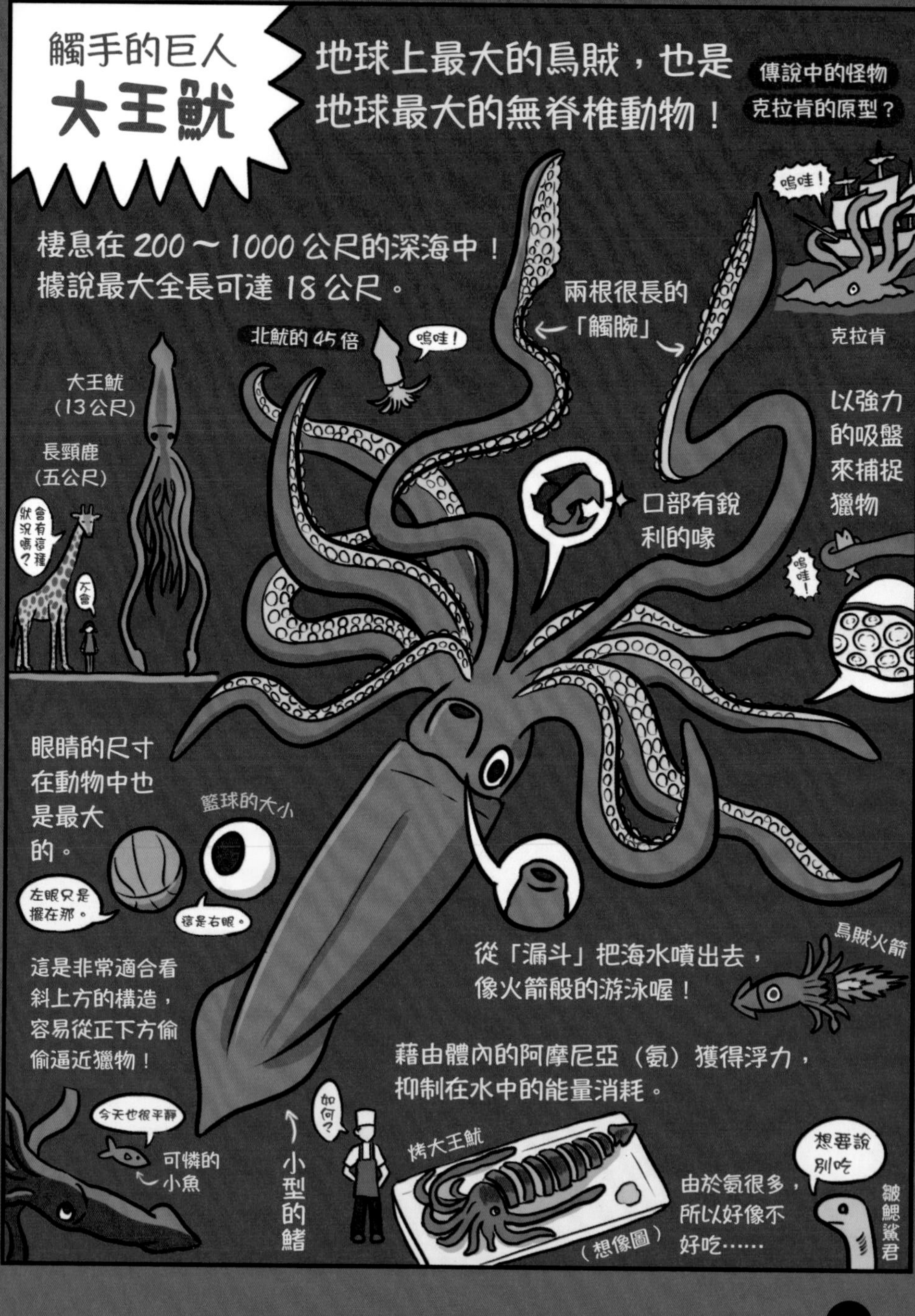
觸手的巨人
大王魷
地球上最大的烏賊，也是
地球最大的無脊椎動物！
傳說中的怪物
克拉肯的原型？
嗚哇！
克拉肯
棲息在 200～1000 公尺的深海中！
據說最大全長可達 18 公尺。
兩根很長的
「觸腕」
北魷的 45 倍
嗚哇！
大王魷
（13 公尺）
長頸鹿
（五公尺）
會有這種狀況嗎？
不會
以強力
的吸盤
來捕捉
獵物
口部有銳
利的喙
嗚哇！
眼睛的尺寸
在動物中也
是最大
的。
籃球的大小
左眼只是
擺在那。
這是右眼。
從「漏斗」把海水噴出去，
像火箭般的游泳喔！
烏賊火箭
這是非常適合看
斜上方的構造，
容易從正下方偷
偷逼近獵物！
藉由體內的阿摩尼亞（氨）獲得浮力，
抑制在水中的能量消耗。
今天也很平靜
可憐的
小魚
小型的鰭
如何？
烤大王魷
（想像圖）
由於氨很多，
所以好像不
好吃……
想要說
別吃
皺鰓鯊君

瘋狂抹香 vs 憤怒的死亡大王

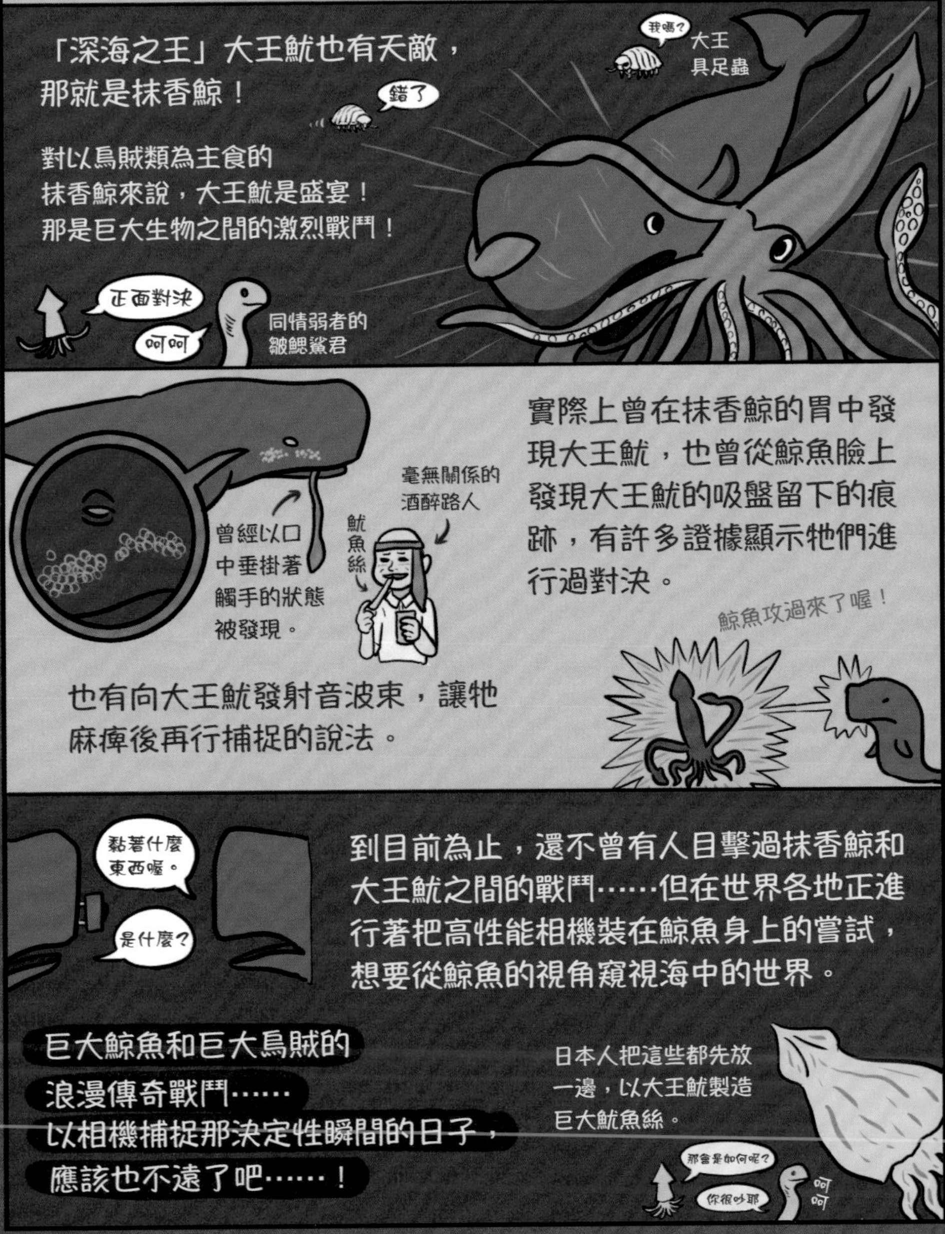

「深海之王」大王魷也有天敵，
那就是抹香鯨！
我嗎？
大王具足蟲
錯了
對以烏賊類為主食的
抹香鯨來說，大王魷是盛宴！
那是巨大生物之間的激烈戰鬥！
正面對決
呵呵
同情弱者的
皺鰓鯊君
實際上曾在抹香鯨的胃中發現大王魷，也曾從鯨魚臉上發現大王魷的吸盤留下的痕跡，有許多證據顯示牠們進行過對決。
曾經以口中垂掛著觸手的狀態被發現。
毫無關係的
酒醉路人
魷魚絲
鯨魚攻過來了喔！
也有向大王魷發射音波束，讓牠麻痺後再行捕捉的說法。
黏著什麼東西喔。
是什麼？
到目前為止，還不曾有人目擊過抹香鯨和大王魷之間的戰鬥……但在世界各地正進行著把高性能相機裝在鯨魚身上的嘗試，想要從鯨魚的視角窺視海中的世界。
巨大鯨魚和巨大烏賊的
浪漫傳奇戰鬥……
以相機捕捉那決定性瞬間的日子，
應該也不遠了吧……！
日本人把這些都先放一邊，以大王魷製造巨大魷魚絲。
那會是如何呢？
你很吵耶
呵呵

百蟲之王
大王具足蟲

棲息在深海中的神祕巨大蟲子！
曾發現超過 75 公分的個體，
是世界最大的「等足類」！

等足類的動物

鼠婦　糙瓷鼠婦　海蟑螂　王蟲

日文漢字跟中文一樣，是大王具足蟲。
所謂「具足」是指鎧甲、甲冑。

像外星人般的眼睛，是由 4000 個小小的單眼聚集而成的複眼！

眼睛後方有反射板，能有效利用深海中的微弱光線！

很暗時，眼睛會發亮

貓的也會發亮喔

鯊魚也是……

構造很相似

皺鰓鯊君

受到外來攻擊時會變圓

咕嚕……

但沒辦法捲得像鼠婦那麼圓

以海底的死魚肉為食，是知名的「海洋清道夫」。

嚼　嚼

咻嚕哩

貓咪也想吃魚

最好不要

因為已經臭了

嘶——　新發售　嘶——

大王具足倫巴舞

據說在遇到危險時，會吐出有惡臭的液體……

基本上是靜靜不動，但在緊急時，就會使用下半身像鰭一般的「泳足」來仰泳。

咻——

很靈巧的仰泳

也會很一般的游泳

貓咪也能仰泳

騙人

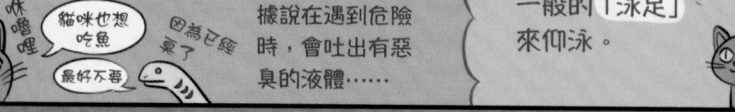

2月14日是什麼日子？大王具足蟲日

位於日本三重縣的鳥羽水族館的大王具足蟲（牠的名字叫做「No.1」），居然整整五年都沒有吃任何東西。

令人驚異的絕食大王具足蟲，受到大家熱烈的關注……！

但是在2014年2月14日……「No.1」突然死亡，成為不歸的具足蟲了……

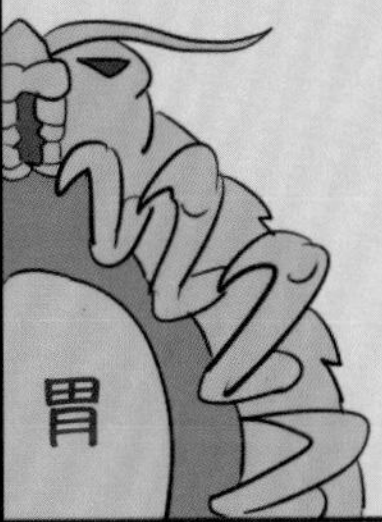

當然所有人都認為牠是「餓死的吧……」。但牠的體重卻完全沒有減少，和進到水族館時一樣，於是飼育員解剖牠的胃，並發現裡面充滿了神祕的液體……？

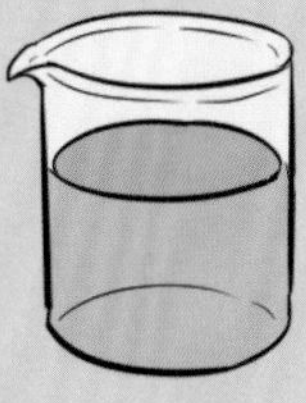

從液體中發現了像酵母般的菌類！這種菌可能和牠們「不吃不喝還能長壽」的超級體質有很深的關係……？

萬一藉由這種力量而解決了人類的各種問題（糧食或壽命之類的），2月14日一定會成為神聖大王具足蟲的紀念日吧。

COLUMN2 好想放在書中的遺珠！水中的動物

海馬

獨特的外型讓人聯想到馬，但牠們卻是屬於海龍類的魚。雄性具有會「懷孕」生子的習性，在自然界中極為罕見！

雄性的腹部有個稱為「孵育囊」的袋子，雌性是把卵產在袋子裡喔。雄性把受精卵帶著走並養育之後，釋放出稚魚的光景，在某種程度上可說是相當夢幻……

據說有些種類最多可以生下 2000 隻稚魚呢！

鯨鯊

世界最大的鯊魚，也是世界最大的魚類！雖然擁有可超過12公尺的巨大身體，卻是悠哉游動，個性悠閒，以吸進大量的水「過濾」浮游生物來吃的魚類。對於喜歡鯊魚的人來說，鯨鯊是令人憧憬的魚，但卻很少出現在人前，牠們的生態至今仍隱藏在許多謎團之中……

管水母

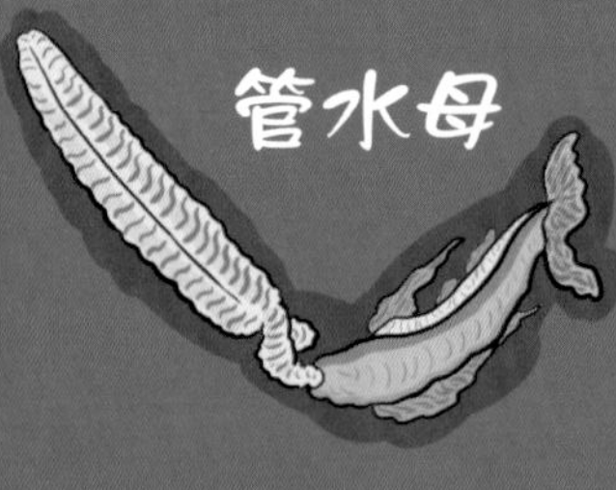

有時體型會超過三公尺的大型水母……但正確來說，並不是所謂的「水母」，而是由許多極小個體（水螅）聚集在一起生活的「群體生物」！牠們的型態超越想像的多樣化，個別的個體各自負責捕食、游泳、生殖、防禦等專門的角色，再彼此協力合作。

不同的個體以一個生物的狀態活著……地球上竟存在著這種不可思議的生命形式。

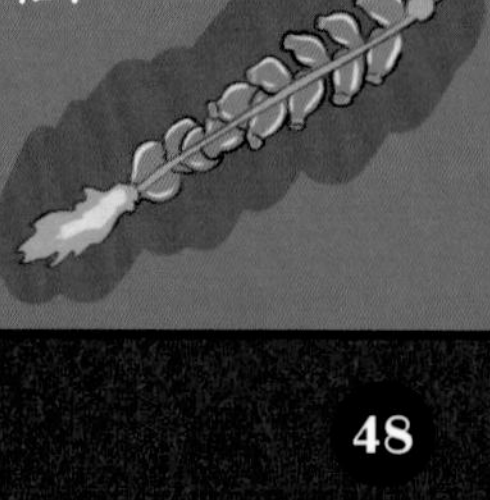

第 3 章

身邊的動物

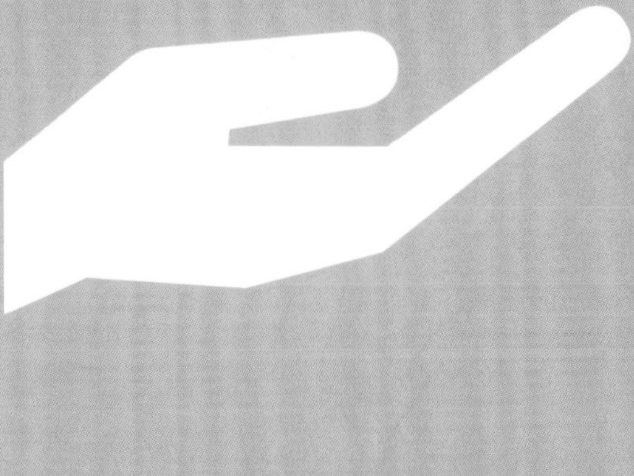

今後也請多指教 家雞

關照人類的鳥類排行榜上遙遙領先的第一名!! (2014年調查)

據說日本有3億隻、全世界有214億隻。

地球上最為主流的鳥，就是家雞！

肉既便宜又美味，營養也很豐富，很少有宗教的禁忌，水準壓倒性的高！

日文）コケコッコー！
英文）cock-a-doo-dle-doo！
法文）cocorico!!
江戶）東天紅——!!

超越豬肉成為世界最主流肉類的日子應該不遠了。

人與家雞的交往歲月非常非常長，已經有8000年了喔。

有在清晨固定時刻大聲鳴叫的習性，所以在古時候，日本人一開始是把牠們當成一種「時鐘」而變得普及。（大概在彌生時代）

五點囉

一般認為家雞的「祖先」是名為紅原雞的野鳥！

殺死你
被視為鳥中最強
極銳利的爪子

領域意識很強，銳利爪子的踢抓非常危險。從前的人為什麼會想要飼養如此難纏且凶暴的鳥類，至今仍是個謎。不過總之，一切都是從此開始的……！大概

一年可產下將近300顆蛋！（白色來亨雞）

在日本每年共250萬公噸！*

雞蛋以比肉類還要更多樣化的形式，潛入人類飲食生活的各個角落，可說是這個世界上最重要的食物之一。

一般的現代人沒有一天沒吃到雞蛋，這樣說一點也不為過。

豬
什麼？家雞的祖先很凶暴嗎……好可怕
這不是你該說的吧
野豬

小雞
別忘了感謝！

＊根據2017年農業統計年報，臺灣有超過3900萬隻蛋雞，一年共產下75億顆蛋。

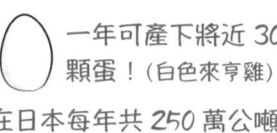

極為知名的科羅拉多州無頭鷄

1945 年，美國科羅拉多州的某個農家為了做烤雞，把家雞的頭給切了下來……

可是那隻雞居然在失去頭之後，還搖搖擺擺的繼續走動！

WHAT THE HELL

即使到了隔天，那隻雞也還活著……！
那隻無頭雞被取名叫麥克，一舉成名。

FE
THE HEADLESS CHICKEN MIKE

麥克被飼主細心照顧，從脖子上的洞直接攝取水跟食物（一直被當成觀賞動物），直到有一天由於喉嚨噎住而死亡，總共存活了一年半的時間……

頭
腦

麥克之所以「無頭」還能存活的理由，是不是因為腦部所在的後腦勺其實還殘留著呢？
……雖然可以這麼想，但無論如何，牠確實具有很強的生命力。

科羅拉多州
弗魯塔的
無頭雞
麥克雕像
（好帥啊）
HAPPY NEW YEAR 2017
沒有更愉快一點的話題嗎
好恐怖

為了對牠生存的無盡意志表達敬意，
當地城鎮建造了麥克的雕像，
每年都舉辦「無頭雞祭典」呢！

看看這隻鴿子 野鴿

主要在都市地區繁榮興盛的鴿子！據說全世界有2億6000萬隻，但每年都會死掉整體的35%！！

智能出乎意料的高喔！能在一公里外就分辨出經常餵食的人。

會給食物的人
食物啊
是食物的走路方式

從走路方式、服裝、長相等，仔細觀察人類的特徵再加以記憶。

在觀察鴿子的時候，鴿子也在觀察這邊呢。
尼采

我沒說
尼采

生
死
嗚哇——

在都市中存活並不是很容易呢……
（主要死因是餓死、凍死、被貓或鷹類吃掉等等）

……

鴿子即使處於距離很遠的場所，也有能力「回到」自己生長的土地喔！

這種能力叫做歸巢本能

使用太陽或地磁的說法、依賴氣味的說法……雖然有各種說法，但原理仍舊是個謎……

鴿子會以「鴿乳」來育幼喔。鴿乳是一種充滿營養的液體，不論雄性或雌性都能夠分泌！

由喉嚨吐出

附帶一提，鴿子雛鳥在動物中的成長速度是數一數二的！

我們也是
七天就會變這樣
皇帝企鵝

利用鴿子歸巢本能的例子

傳信鴿

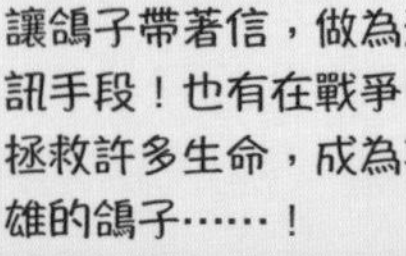

讓鴿子帶著信，做為通訊手段！也有在戰爭中拯救許多生命，成為英雄的鴿子……！

賽鴿

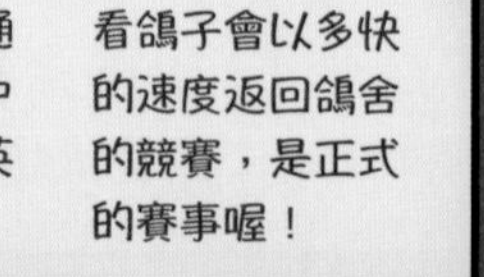

看鴿子會以多快的速度返回鴿舍的競賽，是正式的賽事喔！

真是驚人的鴿乳……

問答專欄！問問尼采老師

Q 

為什麼鴿子走路時要邊搖頭？

A 

尼采老師

不知道。

不知道。

一邊前後擺動脖子一邊前進，是鴿子獨特的行走方式……被認為是「要用眼睛追逐移動的風景」！

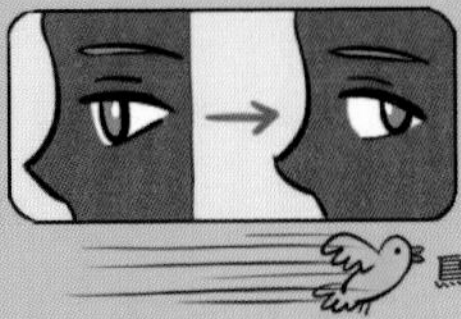

鳥

當人類在看移動物體或景色時，會無意識的移動眼球。

（可說是眼睛為了防止發生類似數位相機的「晃動」所做的自動反應。）

由於鴿子沒辦法像人類那樣移動眼球，所以不是動眼睛，而是柔軟的擺動脖子來讓視野安定。

與貓頭鷹不是轉動眼睛，而是轉動頭的理由很像。

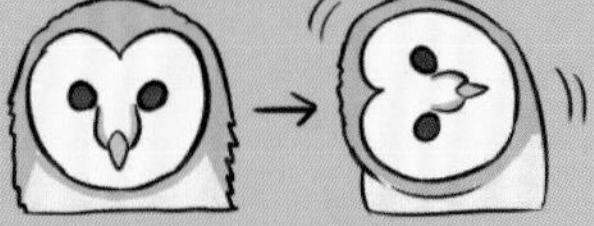

鴿子這種步行方式其實很厲害，就連尼采老師也曾經這麼說過——

用鴿子的腳行走的思想會控制全世界——　尼采

我沒說……
不，我說了。嗯，說了。

《查拉圖斯特拉如是說》摘錄自第二部第22節「最寂靜的時刻」

我看不懂字

右腳
左腳
伸出脖子
踢出左腳
縮回脖子
踢出右腳
一邊重複這些動作一邊往前進……

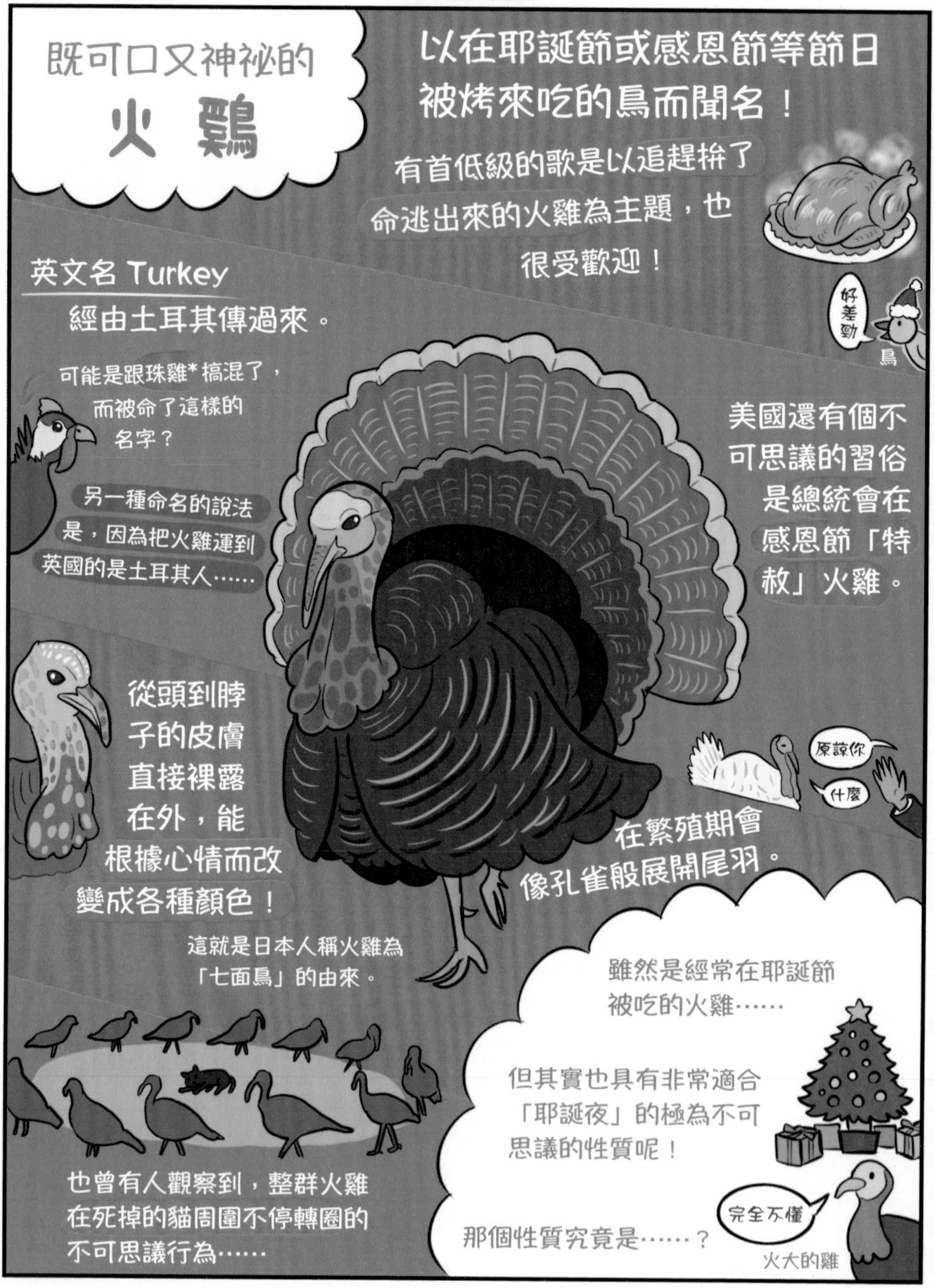

既可口又神祕的
火雞
以在耶誕節或感恩節等節日被烤來吃的鳥而聞名！
有首低級的歌是以追趕拚了命逃出來的火雞為主題，也很受歡迎！
好差勁
鳥
英文名 Turkey
經由土耳其傳過來。
可能是跟珠雞*搞混了，而被命了這樣的名字？
另一種命名的說法是，因為把火雞運到英國的是土耳其人……
美國還有個不可思議的習俗是總統會在感恩節「特赦」火雞。
從頭到脖子的皮膚直接裸露在外，能根據心情而改變成各種顏色！
這就是日本人稱火雞為「七面鳥」的由來。
原諒你
什麼
在繁殖期會像孔雀般展開尾羽。
也曾有人觀察到，整群火雞在死掉的貓周圍不停轉圈的不可思議行為……
雖然是經常在耶誕節被吃的火雞……
但其實也具有非常適合「耶誕夜」的極為不可思議的性質呢！
那個性質究竟是……？
完全不懂
火大的雞

＊以前歐洲人稱珠雞為土耳其雞。

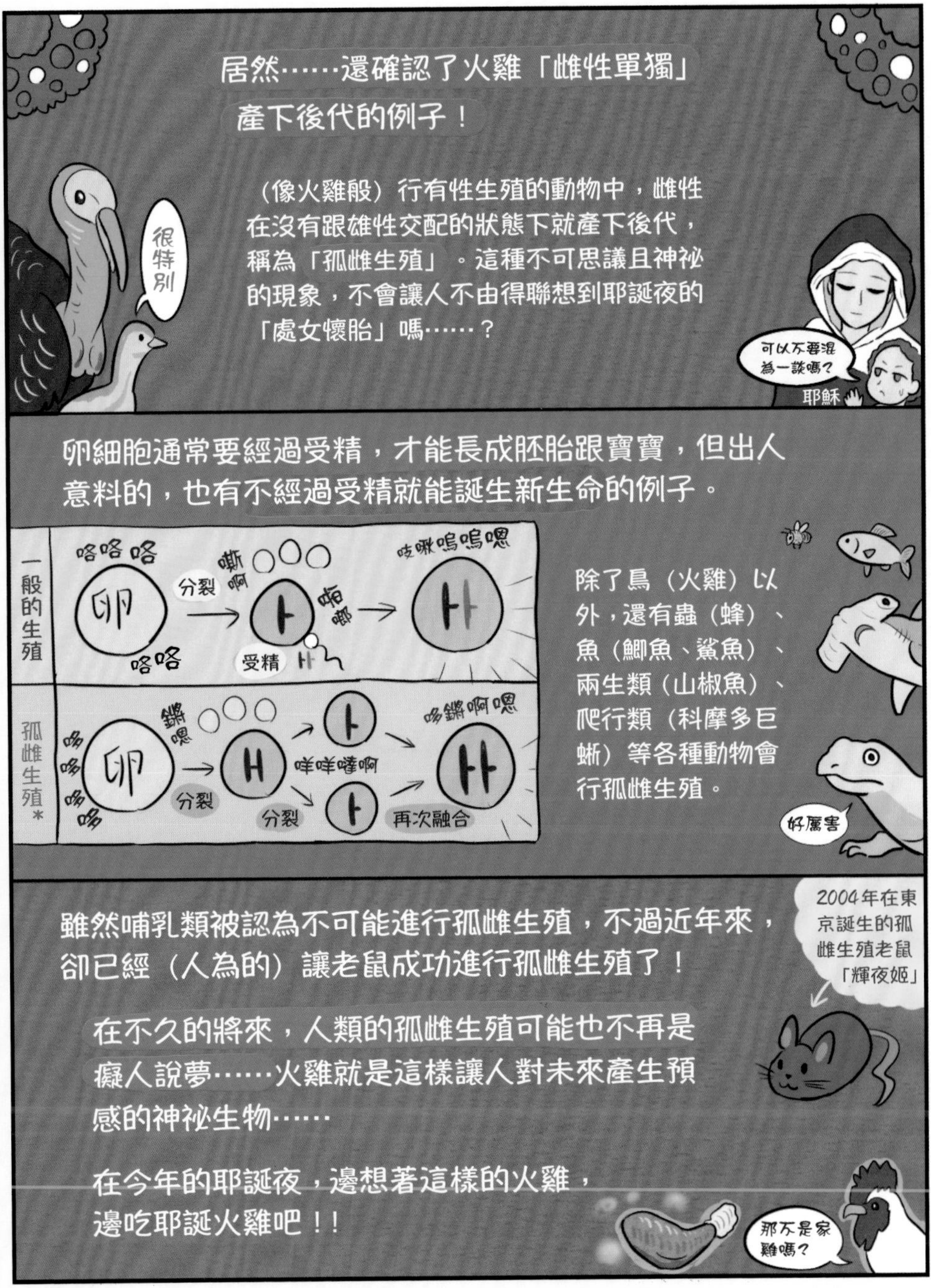
居然……還確認了火雞「雌性單獨」產下後代的例子！
（像火雞般）行有性生殖的動物中，雌性在沒有跟雄性交配的狀態下就產下後代，稱為「孤雌生殖」。這種不可思議且神祕的現象，不會讓人不由得聯想到耶誕夜的「處女懷胎」嗎……？
很特別
可以不要混為一談嗎？
耶穌
卵細胞通常要經過受精，才能長成胚胎跟寶寶，但出人意料的，也有不經過受精就能誕生新生命的例子。
一般的生殖
卵
分裂
受精
孤雌生殖*
卵
分裂
分裂
再次融合
除了鳥（火雞）以外，還有蟲（蜂）、魚（鯽魚、鯊魚）、兩生類（山椒魚）、爬行類（科摩多巨蜥）等各種動物會行孤雌生殖。
好厲害
雖然哺乳類被認為不可能進行孤雌生殖，不過近年來，卻已經（人為的）讓老鼠成功進行孤雌生殖了！
2004年在東京誕生的孤雌生殖老鼠「輝夜姬」
在不久的將來，人類的孤雌生殖可能也不再是癡人說夢……火雞就是這樣讓人對未來產生預感的神祕生物……
在今年的耶誕夜，邊想著這樣的火雞，邊吃耶誕火雞吧！！
那不是家雞嗎？

＊以簡單易懂的鯊魚生殖為例來做比較。

＊ 小林一茶是日本江戶時代的俳句詩人，古典俳句三大家之一。

祕密的日本山雀：句法

根據近年的研究，發現日本山雀居然有使用「文法」的能力！把像「單字」般的叫聲排列組合，組成「文章」彼此溝通。

人類以外的動物也存在著這種「語言能力」，這真是劃時代的發現。

I
AM
A BIRD

就連在黑猩猩等靈長類身上也沒有找到這樣的能力……

BANANA

將「嗶——吱嗶」、「唧唧唧唧」這樣的叫聲（單字）排列組合，日本山雀就可以做出有意義的「文章」。

嗶——吱嗶
小心
+
唧唧唧唧
集合
小心的來集合
咦？
咦咦？
好的，知道了。

例如把「小心」跟「集合」組合在一起，就可以變成「小心的來集合」。

（對人工的聲音也會有所反應）

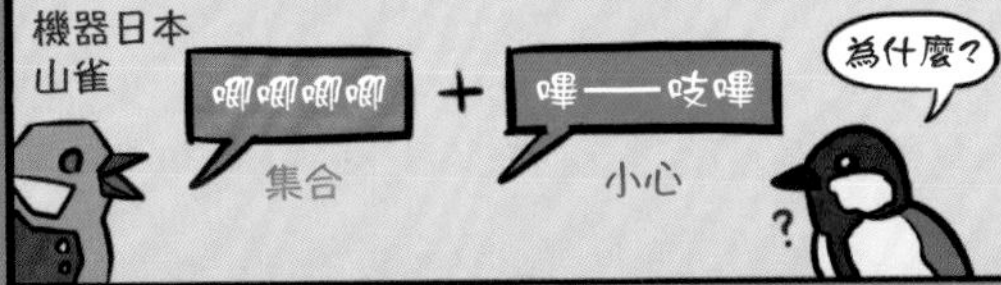
機器日本山雀
唧唧唧唧
集合
+
嗶——吱嗶
小心
為什麼？
?

排列組合具有特定的「文法規則」。要是改變順序的話，就沒辦法順利傳達意思……

屬於完全不同物種的人與日本山雀，簡直像是「趨同演化」（由不同途徑達到類似的演化）般的獲得「文法」，這件事非常引人入勝……

只要能夠解讀日本山雀「語言」的祕密，對解開人類「操縱語言的能力」的演化過程，應該也有所幫助吧。

真是好難啊
哪個是人類？
哪個是猴子？
日本山雀
BANANA
沒有季語*呢。

生活周遭的動物很可能還隱藏著許多我們所不知道的謎團呢……

* 在俳句中表達特定季節的詞彙。左頁小林一茶的俳句中，日本山雀（シジュウカラ）和茶腹鳾（ゴジュウカラ）都有代表夏季的意思。

在空中飛行的不可思議

蝙蝠

ZZZ

哺乳類中唯一能在空中飛行的動物！！

（小鼯鼠等其實只能算是「滑翔」）

讓人有點不開心

鳥

褐大耳蝠

卡進支配天空的「鳥類」的空檔而演化！

（不在白天而在夜間活動等）

不是羽毛，而是以能伸縮的「翼膜」飛行。

小知識

會吸血的蝙蝠其實很少呢。

日文漢字和中文一樣寫成「蝙蝠」。部首寫成「虫」是因為古時候的人不知道牠們究竟是鳥類還是獸類！大概

特殊技能

回聲定位

利用超音波的回音來探知食物或障礙物！

「以聲音看世界」的力量

參考 能夠進行回聲定位的動物

蝙蝠的演化過程，至今仍舊包裹在謎團之中……

海豚
鯨魚
恩多爾*
世上還真有著不可思議的動物啊……
這話不是你該說的吧
鴨嘴獸

於是那些傢伙就這樣飛向天空

蝙蝠究竟是怎樣獲得「飛行能力」的呢……？

隕石 IN
大家好
翼龍 OUT
咕哇──
鳥類 DOWN
鳥
嗚哇──

蝙蝠 GO！
只有趁現在！

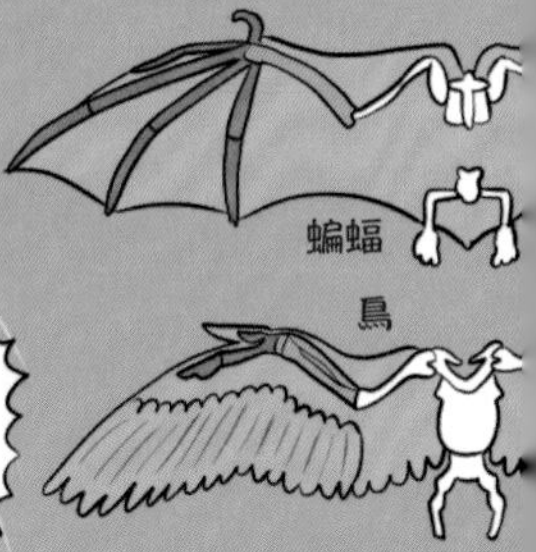

蝙蝠
鳥

蝙蝠的翅膀構造和鳥類的完全不同……

雖然有人說蝙蝠飛上天空是在中生代結束、翼龍滅絕、鳥類也接續失去勢力的時代，但蝙蝠獲得翅膀的途徑卻充滿了謎……

可是在發現原初蝙蝠「芬尼氏爪蝠」的化石之後，為蝙蝠演化之謎提供了極大線索！

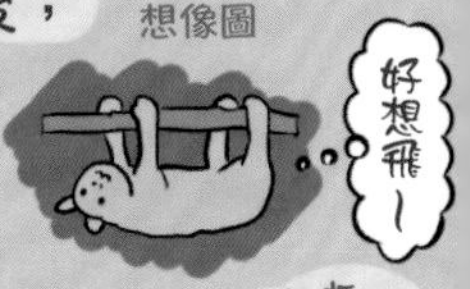

想像圖
好想飛～

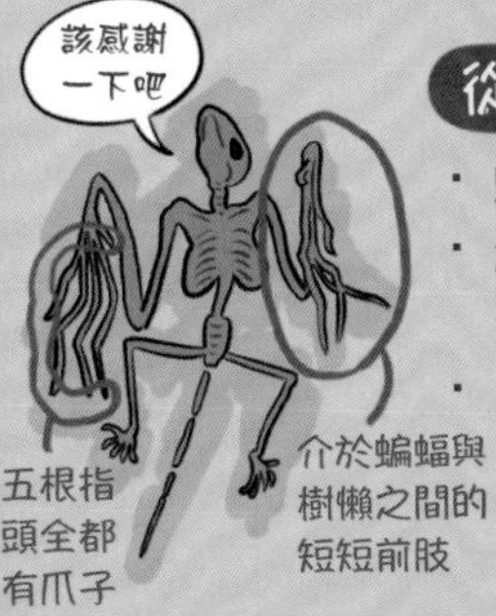

該感謝一下吧
五根指頭全都有爪子
介於蝙蝠與樹懶之間的短短前肢

從化石推斷出來的事

- 蝙蝠的祖先是樹棲性的哺乳類
- 起初是一邊反覆滑翔、拍翅，一邊飛行
- 能力的獲得順序是飛行能力→回聲定位

（因為從骨骼構造來看，芬尼氏爪蝠沒辦法進行回聲定位）

啪咑
啪咑
咻
啪咑
啪咑

隨便啦，沒差
哼

獲得「飛行」和「回聲定位」這些劃時代技巧的蝙蝠，有了爆發性的躍進！

由於昆蟲的增加也發生在同時期，所以在競爭對手很少的時代，夜空對蝙蝠來說應該是個可以隨便吃到飽的自助餐廳吧。

嗚哇！

好厲害

蝙蝠（以物種數來說）占了哺乳類整體的「五分之一」，是多樣性非常高的動物，也達成了在陸地上的大繁盛……！

不要太得意忘形
鳥

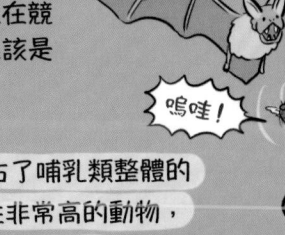

爬來爬去的夜間獵人
壁虎
棲息在住家附近，是和人類最接近的爬行類！
注意
跟蠑螈是不同的生物！
蠑螈跟青蛙一樣是兩生類喔。
咻～
一般會搞錯嗎？
英文名 Japanese gecko
日文漢字寫成家守／守宮
（可見牠們跟人類的距離有多近……）
壁虎尾
遇到危險時就會斷掉的尾巴！經過一段時間會再生。
壁虎肌
能夠配合周圍的環境，自由改變身體的顏色。
喵—
真噁心啊
壁虎眼
在夜晚也完全沒問題，以看得很清楚的眼睛追捕獵物。
奔跑
壁虎腳
腳有五根趾頭，腳底隱藏著極為厲害的能力……
尾巴在斷掉之後，還能夠持續扭來扭去一陣子。
三格漫畫「蛾與壁虎」
會捕食接近住家燈光的蟲子！
光啊——
啪咔
光啊——
啪咔
啪咔
光啊
光
啪咔
光嗚哇！
完
壁虎寶寶非常可愛！
嗚哇！
500
假如看到還無法順利捕食的小壁虎時，請幫牠加油。

壁虎的厲害腳底

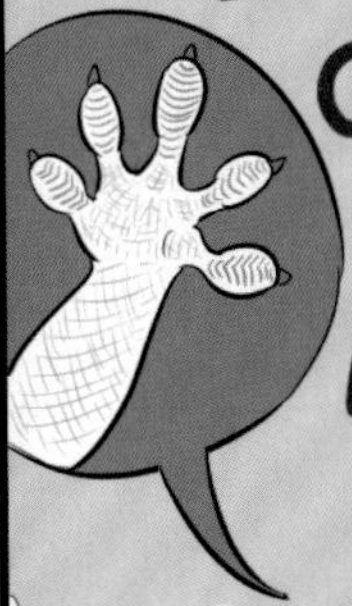

Q 壁虎的腳底既沒有吸盤也沒有黏液……可是為什麼牠們能在牆壁或天花板上行走呢？

WOW

A 牠們使用的是「凡得瓦力」，是分子之間正負電荷的吸引力量！

趾
剛毛
匙突
鏟子形狀的極小的毛

由於「匙突」和牆壁或天花板的分子互相吸引，讓壁虎能夠不受限制的攀岩走壁！

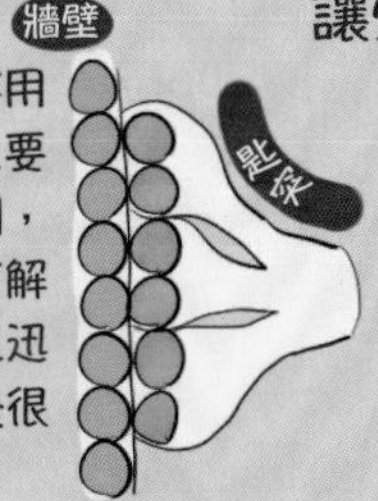
牆壁
匙突

由於是「弱作用力」，所以只要稍微把腳移開，就能簡單的「解除」，讓自己迅速移動。這是很大的優點。

雖然一根一根的匙突吸力非常弱，但總共約有20億根！！用來支撐壁虎的體重綽綽有餘。

(即使只用一根趾頭也能夠從天花板往下垂吊)

把壁虎腳上的吸附力應用在醫療、工業、清掃等各式各樣領域上的研究正在進行中……！

（這類技術稱為仿生科技，例如日東電工的「壁虎膠帶」等。）

能攀爬玻璃牆面的壁虎手套也正在開發中喔！

好像已經可以爬七公尺左右了。

蠑螈還真是厲害啊喵～
就跟你說那是壁虎
把那個丟掉啦！
甩來甩去

不洗東西也不是熊
浣熊

主要分布於北美的哺乳類！

雖然和狸長得很像，卻是
完全不同的物種。
（當然也不是熊）

浣熊（浣熊科）
狸（犬科）
英文名 raccoon
英文名 raccoon dog

不知為何經常被卡通化。

Oh Yeah～

把前腳放到水裡的獨特行為是牠的名字「浣熊」的由來，不過實際上牠並不是在洗食物！

野生的浣熊有把前腳伸進水裡探索、尋找獵物的習性……

嗚哇！
螯蝦

由於這個動作看起來很像「在洗食物」，因此被誤解。

能驅使柔軟的腳踝及銳利的爪子，自由的爬樹。

浣熊是哺乳類之中，具有超級敏感「觸覺」的動物。

觸覺細胞是一般哺乳類的五倍

甚至說牠們是以超群的敏感度自豪的手（前腳）來「看」世界也不為過。

完全不一樣喔
很難的花椰菜

日本從七〇年代起，並受到卡通《小浣熊》的影響，浣熊的飼養數目劇增，並出現棄養，使浣熊野生化！

卡通只不過是卡通啊
冷酷熊

以對生態系造成威脅的外來種來說，浣熊現在已成為很大的問題。

（北海道每年至少會捕獲到一萬隻……）

2015年度

真難過
難過熊

城市獵人

在美國和加拿大的大城市中，
浣熊堅強的活用本身的靈巧，
因此變得極為繁盛。

一邊注意柏油路及汽車輪胎，
一邊在漆黑夜晚中奔跑的姿態，
不愧是城市獵人。

以身試險的浣熊

主要的食物是家庭或路邊垃圾桶中的廚餘！雖然人類為了不讓垃圾被亂翻，採用把垃圾桶上鎖等對策，但也有些浣熊在多次嘗試錯誤之後，就能把蓋子打開……！

嚼
嚼
好吃
好吃熊
一個人抱著能夠解開的愛的謎題（上鎖的垃圾桶）的浣熊*

好像也有人放棄採取對策，而把浣熊請進家中，直接餵食呢……
好吃嗎？
好吃！
想要一直仰仗人類這種親切心態的熊

人類對於浣熊採取愈多政策，浣熊就愈會發揮學習能力，
逐漸變得又聰明又能幹堅強……！

在這種反覆的過程中，
也許某一天，人類跟浣熊
的立場就會對調呢……這
種謠傳，好像有聽說又好
像沒人說……

浣熊進行攻擊了喔
未來熊

＊出自日本漫畫《城市獵人》主題曲〈Get Wild〉。原歌詞為「一個人抱著難解的愛的謎題」。

COLUMN3 好想放在書中的遺珠！身邊的動物

由於非常可愛樸拙木訥的風貌，以及對飼主的忠實性格，特別在日本是極受喜愛與歡迎的犬種。不過，柴犬跟人類交往的歷史雖然久到能夠回溯到繩文時代，是讓人洋溢著安心感的夥伴，但令人感到衝擊的事實是，牠也是DNA和「狼」最接近的犬種！柴犬還真是耐人尋味啊……

據說具有非常優秀的頭腦，是在日本居家附近「啊——啊——」鳴叫的熟悉黑鳥！雖然牠們非常聰明（或正因為牠們聰明？），所以經常被人類視為麻煩，但是人類建造出來的理想空間「都市」，卻又能澈底滿足能幹烏鴉的欲求，這應該就是讓烏鴉能繁盛至今的原因……
烏鴉是很難用普通辦法對付的鳥類，今後也應該繼續摸索與牠們的相處方式才對。

從古時候就生活在日本人周遭的哺乳類！
牠們經常在民間故事或童謠中反覆登場，由此能看出牠們對日本文化帶來的深厚影響。雖然在日本是令人感到很熟悉的狸，不過牠們只分布於東亞的一部分地區，以全球來說，其實是非常稀有的動物。
也因為很稀有，曾經被日本用來跟海外的動物園交換世界三大珍獸「侏儒河馬」呢……！

第 4 章

可怕(?)的動物

吠叫的夜空下

狼

世界最大的犬科動物，也是各式各樣「犬」的祖先。

Q
所謂各式各樣，
包括柴犬嗎？

A. 是啊。

柴犬在 DNA 上可是跟狼最接近的呢！

一般所謂的「狼」，其實是指灰狼，有許多的亞種喔。

（像已經滅絕的日本狼等）

和獨行俠的印象正好相反，牠們其實是用聲音或動作、遠嚎來交流溝通的高社會性動物！

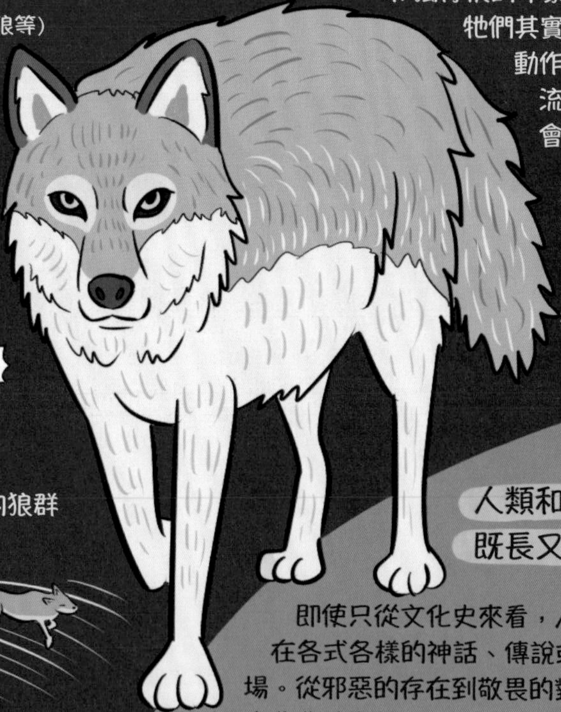

銳利的牙齒及爪子，超群的體力與耐力，是瀟灑帥氣的獵者！

遠嚎是用來宣示領域或尋找同伴的行為。

好可怕
小豬

以 6～8 隻組成的狼群進行狩獵！！

狼群是以一對公母做為領袖，有著嚴格的社會階級結構。

離開狼群的個體就成為獨行俠。

人類和狼的歷史既長又複雜

即使只從文化史來看，人類也讓狼在各式各樣的神話、傳說或故事中登場。從邪惡的存在到敬畏的對象，內容十分分歧多樣。

童話中的壞蛋
羅馬建國者的養母
狼人
《魔法公主》的山犬
閉嘴！小子

問答專欄！來問問狼大大

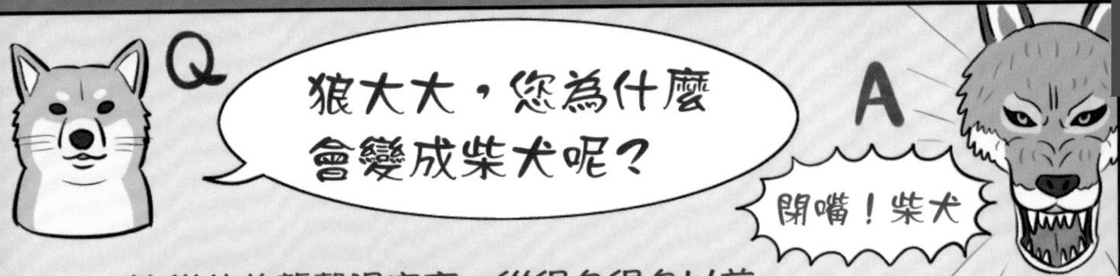
Q
狼大大，您為什麼會變成柴犬呢？
A
閉嘴！柴犬

狼從前曾襲擊過家畜，從很久很久以前就是和人類對立的動物……
像這樣的狼，是因為什麼動力而演化成為「犬」這種人類最親近的同伴呢……？

假說之一是，據說在大約３萬年前的東亞，人類首次成功的飼育狼……但為什麼古時候的人會想飼養狼這樣性格粗暴、肉不好吃，還消耗大量飼料，投資報酬率很差的動物，至今仍是一個謎！

縱然如此，在經過許多世代之後，狼逐漸變化成為對人類很順從的「犬」。

才不是這樣呢
後來的家雞（凶暴）
後來的豬（凶暴）

犬（原本的狼）也成為人類很重要的夥伴了。

雖然現在野生的狼和人類之間，沒辦法算得上是友好的關係，但曾有人從狼的幼年時期就開始接觸牠們，很順利就被狼群接受了。

果然人類和狼之間，可能存在著特別的牽絆也說不定呢……

也就是說，跟豬差不多的意思嗎？
閉嘴！小豬
馬上就生氣

北方的巨獸 棕熊

分布世界各地的熊科動物中最大的熊！！日本最大的陸生動物。

北極熊也很巨大喔

分類學上是「日本棕熊」這個亞種

日本只有北海道有棕熊棲息！

日本本州全都是亞洲黑熊喔！

請多指教熊

雖然是可達數百公斤的巨獸，卻能以時速60公里奔跑。

巨大的前腳！

只要想出手，一巴掌應該就會讓大部分的動物失去性命。哺乳類最強等級的力量

人類要跑著逃走是絕對不可能的。

……棕熊雖然具有這種破格的力量，卻不太會狩獵。特別是北海道的棕熊，據說近年來愈來愈草食化呢！

這些是主要的食物

秋田款冬　樹木的果實（小桑樹等）　北海道鹿（屍體）

出乎意料，好像不太吃鮭魚哩。

嗯？

吃了很多食物之後，從晚秋到初春會有四個月左右的時間不吃不喝，進行「冬季休眠」。

雪

好睏啊

脈搏、呼吸次數會大幅減少，體溫也會下降4～5℃喔。

由於並不是一直在睡覺，所以跟「冬眠」有點不同。

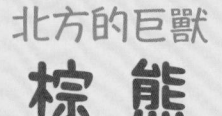

可愛或可怕？

熊捲風
這隻熊很可怕
第一名

像熊這種給人兩種極端印象的動物，就算說是絕無僅有，也絕不誇張……

我可不吃人喔
可愛熊熊

一方面是「可愛吉祥物」的代表，另一方面（特別是棕熊）又有著可怕、會吃人的動物的強烈印象！

騙你的
嚼
咕哇！
李奧納多・迪卡皮歐
嚼

由於現實生活中偶爾會發生可怕的事故（三毛別事件*等），所以從這方面來看，也是沒辦法的事……

但是棕熊絕對不是出於對血的飢渴而殺人的怪物，反而（大多）是具有穩重、慎重個性的野生動物。

在日本，人類被棕熊攻擊而死亡的事故，最多一年只有一次或不到，可說是極為稀少的例子。

（參考：被蜂螫而死亡的人數為 23 人　在河川溺死的人數為 235 人　2015年的數據）

從熊的觀點看人類（想像圖）
嘻耶耶

對棕熊來說，應該也完全不想要跟像人類這般奇怪、以兩腳步行、讓人感覺不舒服的動物有任何瓜葛吧。

真不舒服

兼具可怕及引人入勝的魅力的棕熊……

為了和這種不可思議的動物共存，首先要注意別讓自己在野外和牠們相遇，並帶著防熊噴霧等做好準備，萬一不小心正好遇到牠們時，不陷入恐慌的立刻行動是很重要的。

和熊之間的四個約定
① 盡量集體行動
② 邊用熊鈴或手發出聲音，讓熊知道這裡有人類喔
③ 絕對不可以餵牠們吃東西喔（這會成為讓牠們接近人類的動機）
④ ③是最重要的

此外，對熊這種動物有正確的認識，才是最應該要有的態度。

嗚哇——
噗咻嗚嗚嗚

* 三毛別事件：1915年12月9～14日，在北海道苫前郡苫前村三毛別六線澤，發生棕熊攻擊人的事件，造成居民七人死亡、三人重傷，是日本有紀錄以來最嚴重的棕熊襲擊事件。

溫柔的巨人
大猩猩

棲息在非洲的森林之中，是地球上最大的靈長類（包含人類在內的猿類和猴類）！是巨嬰而且力量很大！！

「KONG」並不是牠們的英文名，而是電影《大金剛》裡怪物的名字喔。

對大猩猩這種凶暴的印象可是錯誤的呢。

據說握力非常強，假如是蘋果，一瞬間就會被捏爆吧。

HOW TO EAT APPLE*
吃蘋果的方法

大猩猩的拍擊（拍打胸部發出聲音的行為）有很長一段時間都被認為是「威嚇行為」，但實際上卻是在即將發生爭鬥的狀況時，為了讓事情順利解決所做的和平信號，被用在各式各樣的溝通上面。

與外觀不同，大猩猩是非常纖細敏感的動物喔！

特別是在飼養狀態下，即使只是一點點的緊迫，也很容易讓牠們拉肚子，或變得憂鬱。這應該是智商很高造成的結果……

我很強！
I LOVE AN APPLE♪
I HAVE AN APPLE♪
Ah!!
討厭！每次都這樣！
沒有人會愛你。
什麼！
平靜下來吧！
啪叩
你騙我！
來吃根香蕉吧！

手的形狀不是石頭而是布

不懂什麼是憂鬱的大猩猩

＊仿自古坂太郎的 PPAP。

野生大猩猩的生活

以被稱為「銀背」的雄性領袖為中心，和數隻雄性、雌性、孩子等，組成十隻左右的群體一起生活。
每天收集樹枝和樹葉做成睡床（巢）。
（可能是為了躲避猛獸）
小孩跟雌性睡在樹上，成年雄性睡在地面上喔。
據說一天會吃 30 公斤的食物，食性是以植物為主！
明明就是肌肉體質，不吃肉真的沒關係嗎？你可能會這樣想。不過牠們可以靠腸內的細菌，從植物纖維合成胺基酸。再加上會吃蟲（螞蟻等），就可以獲得充分的蛋白質喔。
也很喜歡吃水果！
好像不太吃香蕉喔*
我可是要吃的
出乎意料，最大的天敵是豹！
I HAVE A GUN
已看不出原本樣貌的豹
不只幼齡的大猩猩，就連剛強的成年雄性大猩猩有時也會被攻擊！
雖說如此，但跟盜獵、大量捕捉或獵殺大猩猩的危險動物「人類」比起來，豹就算不上什麼很大的威脅了……
為了要拯救面臨滅絕危機的大猩猩，今後必須採取各式各樣的對策。
I HAVE AN APPLE
Ah!

* 非洲很少野生香蕉。

這麼的可愛 食人鯊

正如眾所周知，是最強的鯊魚！
在此介紹牠的可愛魅力

嗶嚦嗶嚦鯊魚雷達

以頭部的器官感應「生物電流」來尋找獵物！會追趕獵物到天涯海角喔！

嗅個不停鯊魚鼻

可以聞到幾百公尺外的獵物氣味。對於血的氣味感到興奮呢！

咻咻鯊魚鰭

用來以極快速度游泳的鰭。

尾巴在鯊魚中也是很難得的弦月形，很可愛。

好多好多鯊魚齒

滿滿排列著又大又可愛的牙齒，有的可超過五公分。

以鋸齒狀的牙齒把獵物切得碎碎的。

老舊的牙齒會一直被新生的牙齒汰換掉！

超級粗糙鯊魚皮

以極細的鱗片減少水的阻力呢！

咬啊咬啊鯊魚顎

就連海龜的殼也能咬碎！

咬合力是海洋生物中最強的！
根據推斷，居然可達到1.8公噸（人類是50公斤）。

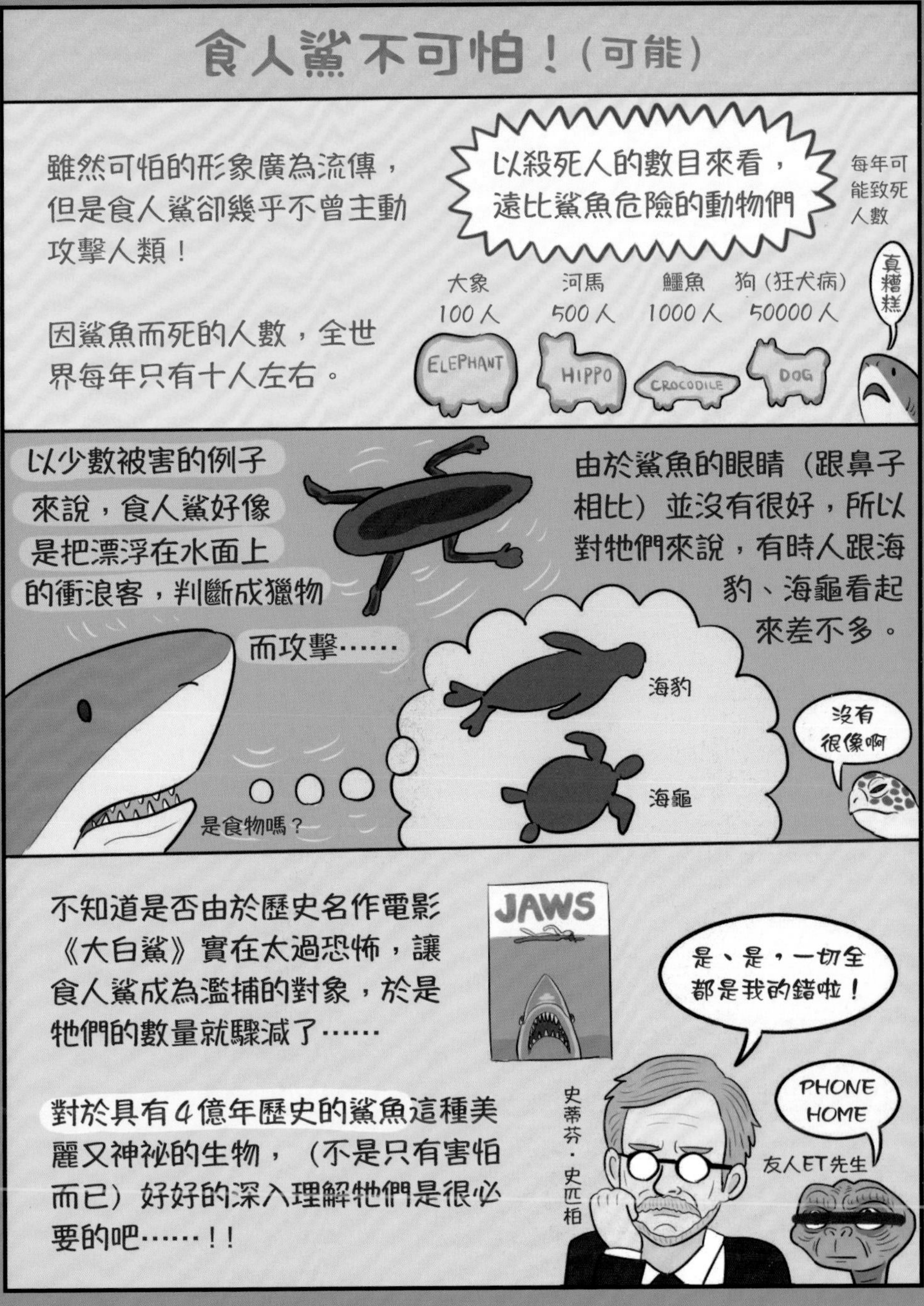
食人鯊不可怕！（可能）
雖然可怕的形象廣為流傳，但是食人鯊卻幾乎不曾主動攻擊人類！
以殺死人的數目來看，遠比鯊魚危險的動物們
每年可能致死人數
大象 100人
河馬 500人
鱷魚 1000人
狗（狂犬病） 50000人
ELEPHANT
HIPPO
CROCODILE
DOG
真糟糕
因鯊魚而死的人數，全世界每年只有十人左右。
以少數被害的例子來說，食人鯊好像是把漂浮在水面上的衝浪客，判斷成獵物
而攻擊……
由於鯊魚的眼睛（跟鼻子相比）並沒有很好，所以對牠們來說，有時人跟海豹、海龜看起來差不多。
海豹
海龜
是食物嗎？
沒有很像啊
不知道是否由於歷史名作電影《大白鯊》實在太過恐怖，讓食人鯊成為濫捕的對象，於是牠們的數量就驟減了……
JAWS
是、是，一切全都是我的錯啦！
史蒂芬・史匹柏
PHONE HOME
友人ET先生
對於具有4億年歷史的鯊魚這種美麗又神祕的生物，（不是只有害怕而已）好好的深入理解牠們是很必要的吧……！！

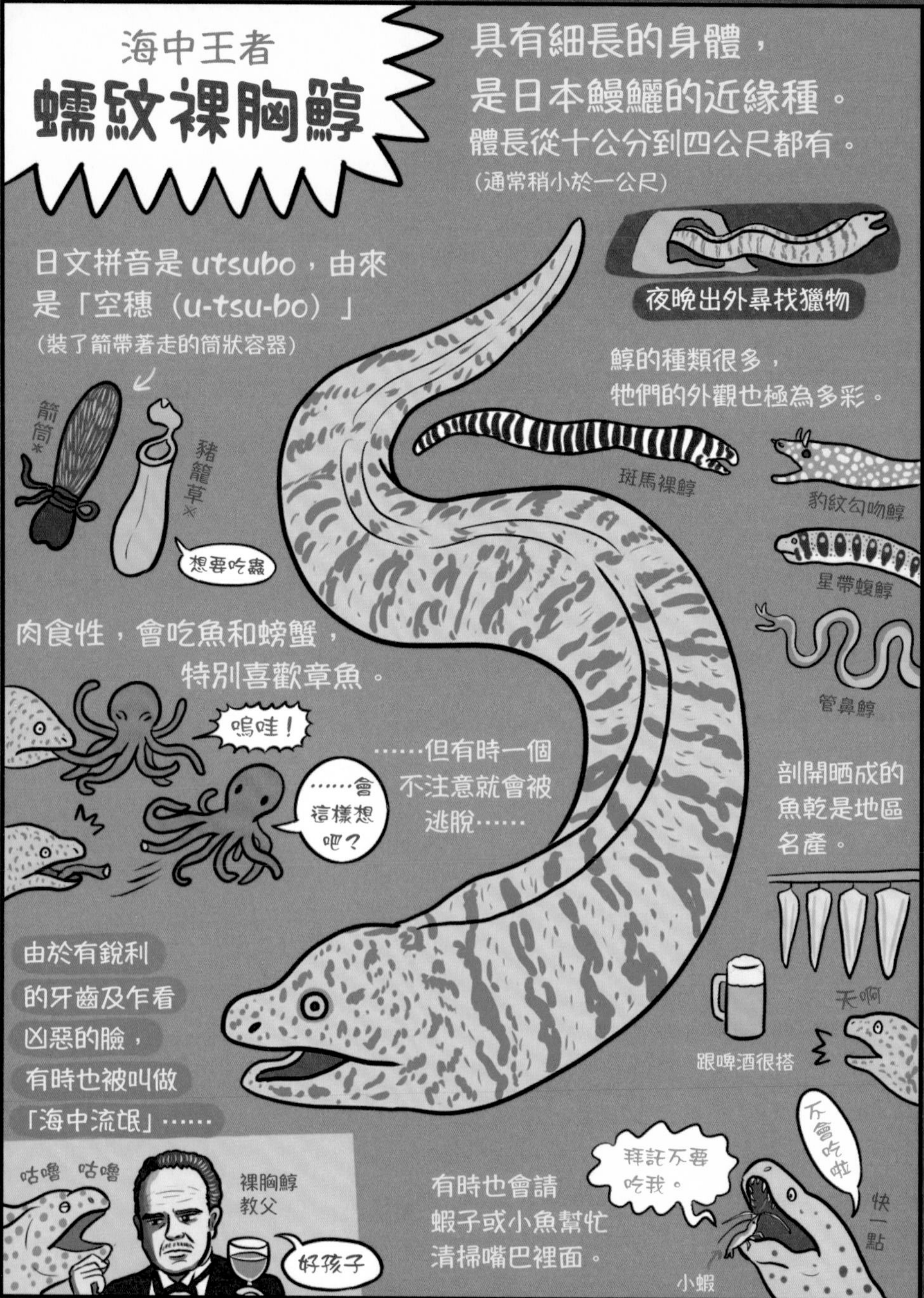
海中王者
蠕紋裸胸鯙
具有細長的身體，
是日本鰻鱺的近緣種。
體長從十公分到四公尺都有。
（通常稍小於一公尺）
日文拼音是utsubo，由來
是「空穗（u-tsu-bo）」
（裝了箭帶著走的筒狀容器）
箭筒＊
豬籠草※
想要吃蟲
夜晚出外尋找獵物
鯙的種類很多，
牠們的外觀也極為多彩。
斑馬裸鯙
豹紋勾吻鯙
星帶蝮鯙
管鼻鯙
肉食性，會吃魚和螃蟹，
特別喜歡章魚。
嗚哇！
……會
這樣想
吧？
……但有時一個
不注意就會被
逃脫……
剖開曬成的
魚乾是地區
名產。
由於有銳利
的牙齒及乍看
凶惡的臉，
有時也被叫做
「海中流氓」……
跟啤酒很搭
天啊
咕嚕 咕嚕
裸胸鯙
教父
好孩子
有時也會請
蝦子或小魚幫忙
清掃嘴巴裡面。
拜託不要
吃我。
不會吃啦
快一點
小蝦

＊日文拼音為utsubo。
※日文拼音為utsubokazura。

大口大口兩個顎

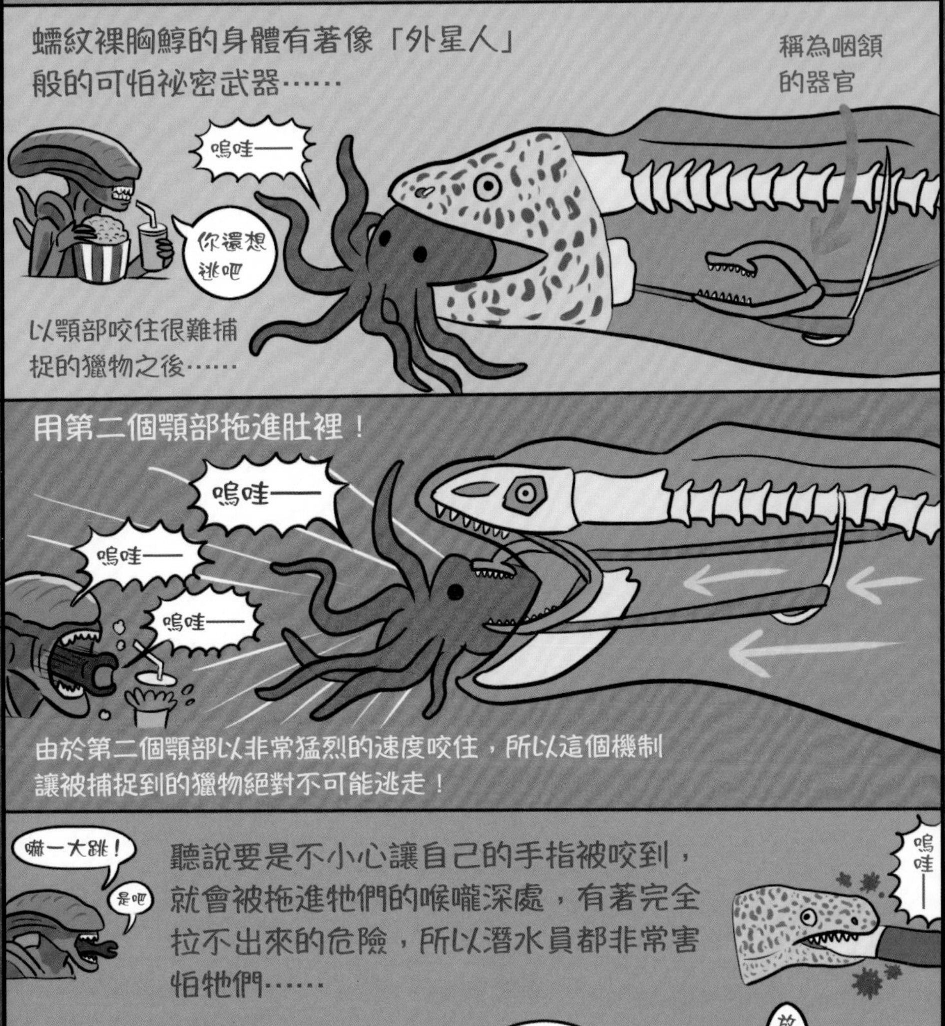

蠕紋裸胸鯙的身體有著像「外星人」般的可怕祕密武器……
稱為咽頜的器官
嗚哇——
你還想逃吧
以顎部咬住很難捕捉的獵物之後……
用第二個顎部拖進肚裡！
嗚哇——
嗚哇——
嗚哇——
由於第二個顎部以非常猛烈的速度咬住，所以這個機制讓被捕捉到的獵物絕對不可能逃走！
嚇一大跳！
是吧
聽說要是不小心讓自己的手指被咬到，就會被拖進牠們的喉嚨深處，有著完全拉不出來的危險，所以潛水員都非常害怕牠們……
嗚哇——
……雖說如此，但是蠕紋裸胸鯙並不是凶暴的生物！
一邊請蝦子幫牠們清掃，一邊擺出可怕的臉的「海中流氓」，今天也偷偷躲在陰影處等待獵物……
這才是真正的雙下巴！
放我出去。
呵呵

Dragon is Real
科摩多巨蜥
棲息於印尼的科摩多島等地，是世界最大的蜥蜴！
全長可達三公尺。
嗚哇──
據說能以時速 20 公里奔跑……
（馬拉松選手的世界紀錄）
又稱為「科摩多龍」！
直到20世紀初，都被認為是傳說動物的「印尼之龍」。
主要翻撿屍體的肉來吃，但也會獵捕鹿或豬，有時甚至連巨大的水牛都會獵捕來吃！
排得滿滿的鋸齒狀牙齒！
吃人是極為罕見的例子。
還能用銳利的鉤爪將獵物撕裂喔！
現在已經知道牠可以進行孤雌生殖（只有雌性就產下後代）！
（2006 年於英國的動物園）
喝啦！
喝啦！
當時誕生的只有雌性而已。
好厲害
你也是啊
科摩多巨蜥的戰鬥非常有魄力！！
像這麼大的爬行類進行孤雌生殖的例子極為罕見……
火雞也能行孤雌生殖。

毒毒的龍

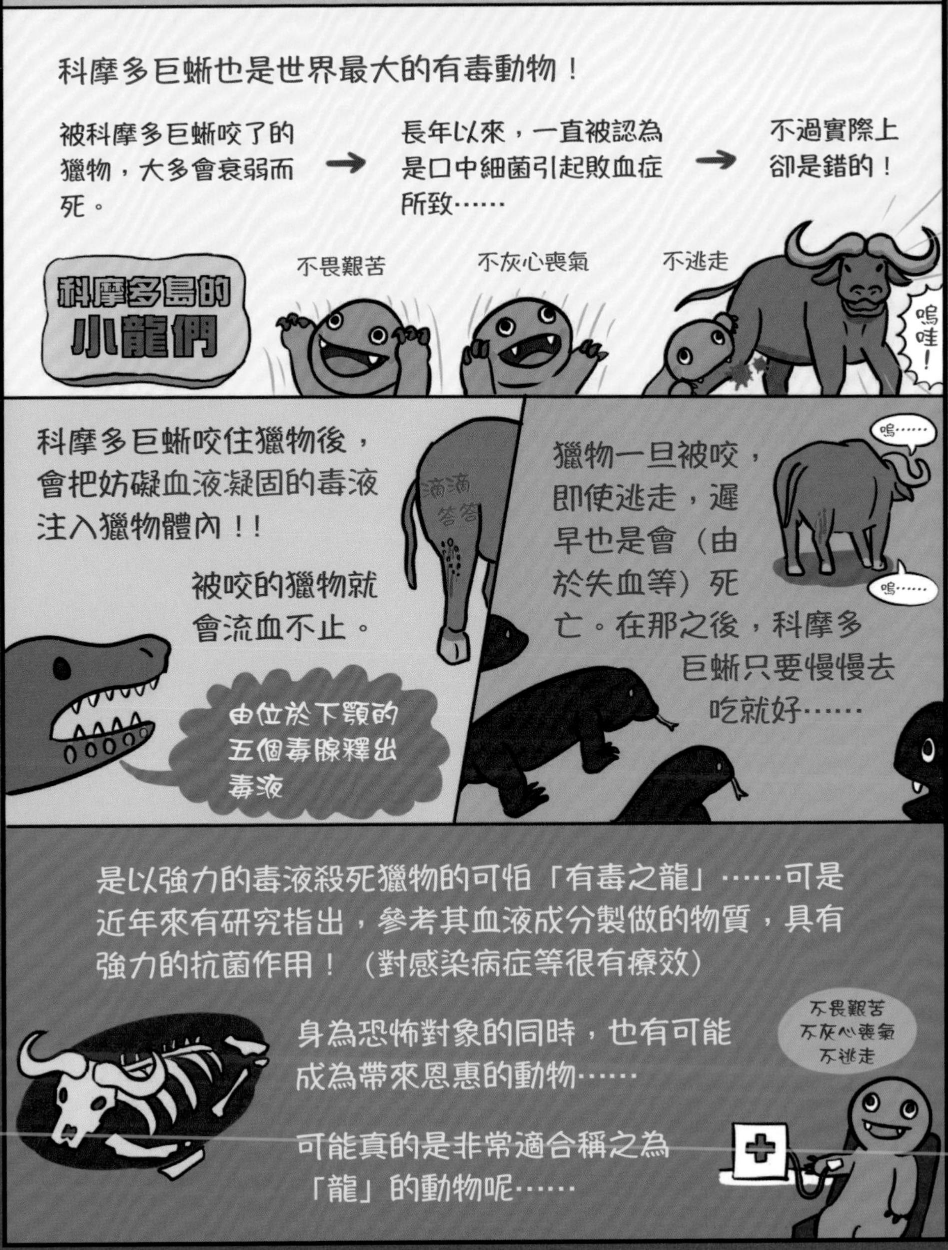
科摩多巨蜥也是世界最大的有毒動物！
被科摩多巨蜥咬了的獵物，大多會衰弱而死。
長年以來，一直被認為是口中細菌引起敗血症所致……
不過實際上卻是錯的！
科摩多島的小龍們
不畏艱苦
不灰心喪氣
不逃走
嗚哇！
科摩多巨蜥咬住獵物後，會把妨礙血液凝固的毒液注入獵物體內！！
滴滴答答
被咬的獵物就會流血不止。
由位於下顎的五個毒腺釋出毒液
獵物一旦被咬，即使逃走，遲早也是會（由於失血等）死亡。在那之後，科摩多巨蜥只要慢慢去吃就好……
嗚……
嗚……
是以強力的毒液殺死獵物的可怕「有毒之龍」……可是近年來有研究指出，參考其血液成分製做的物質，具有強力的抗菌作用！（對感染病症等很有療效）
身為恐怖對象的同時，也有可能成為帶來恩惠的動物……
不畏艱苦
不灰心喪氣
不逃走
可能真的是非常適合稱之為「龍」的動物呢……

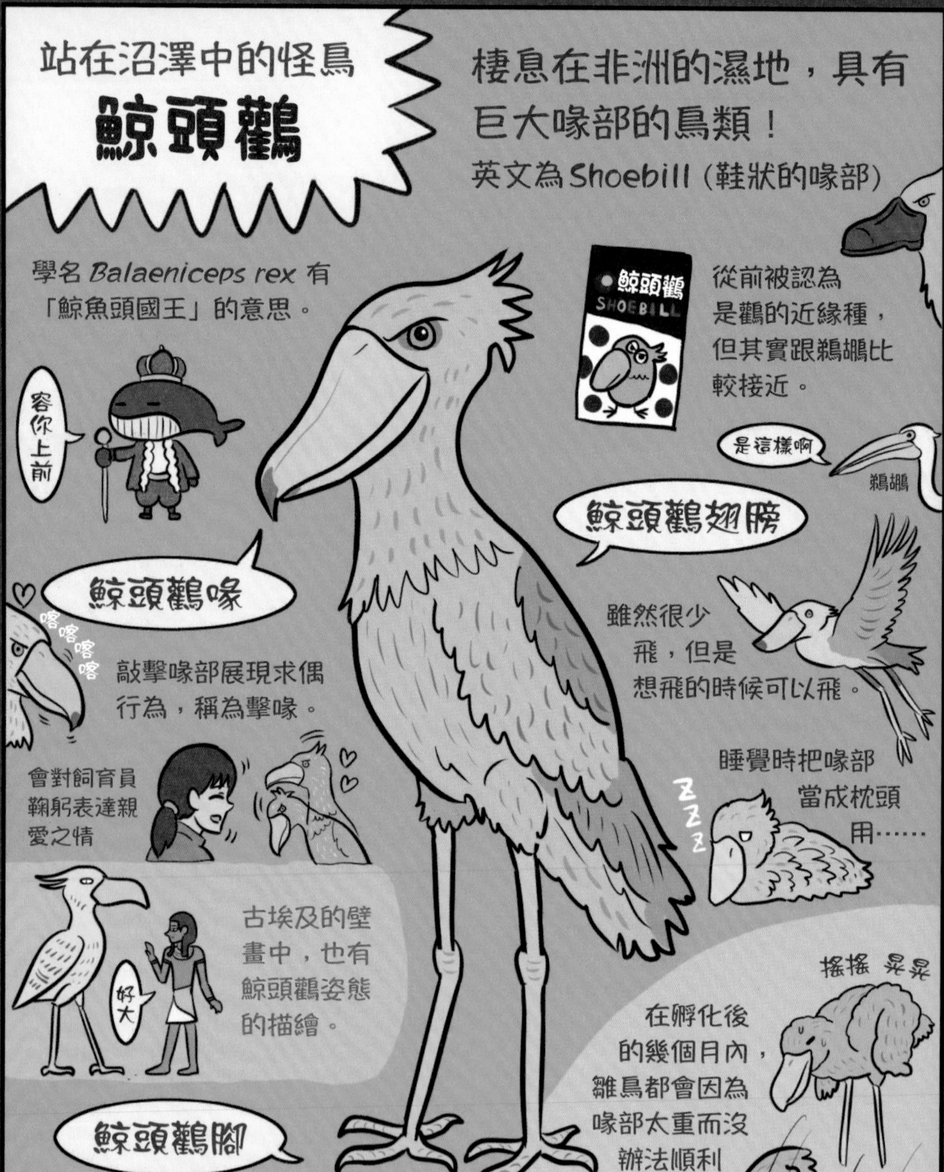
站在沼澤中的怪鳥
鯨頭鸛
棲息在非洲的濕地，具有巨大喙部的鳥類！
英文為Shoebill（鞋狀的喙部）
學名 Balaeniceps rex 有「鯨魚頭國王」的意思。
容你上前
鯨頭鸛
SHOEBILL
從前被認為是鸛的近緣種，但其實跟鵜鶘比較接近。
是這樣啊
鵜鶘
鯨頭鸛翅膀
雖然很少飛，但是想飛的時候可以飛。
鯨頭鸛喙
喀喀喀喀
敲擊喙部展現求偶行為，稱為擊喙。
會對飼育員鞠躬表達親愛之情
睡覺時把喙部當成枕頭用……
ZZZ
古埃及的壁畫中，也有鯨頭鸛姿態的描繪。
好大
搖搖 晃晃
在孵化後的幾個月內，雛鳥都會因為喙部太重而沒辦法順利行走……
咕呀呀
鯨頭鸛腳
具有長長爪子的大腳，在沼澤地行走時，身體也不會沉下去！

鯨頭鸛是不動的

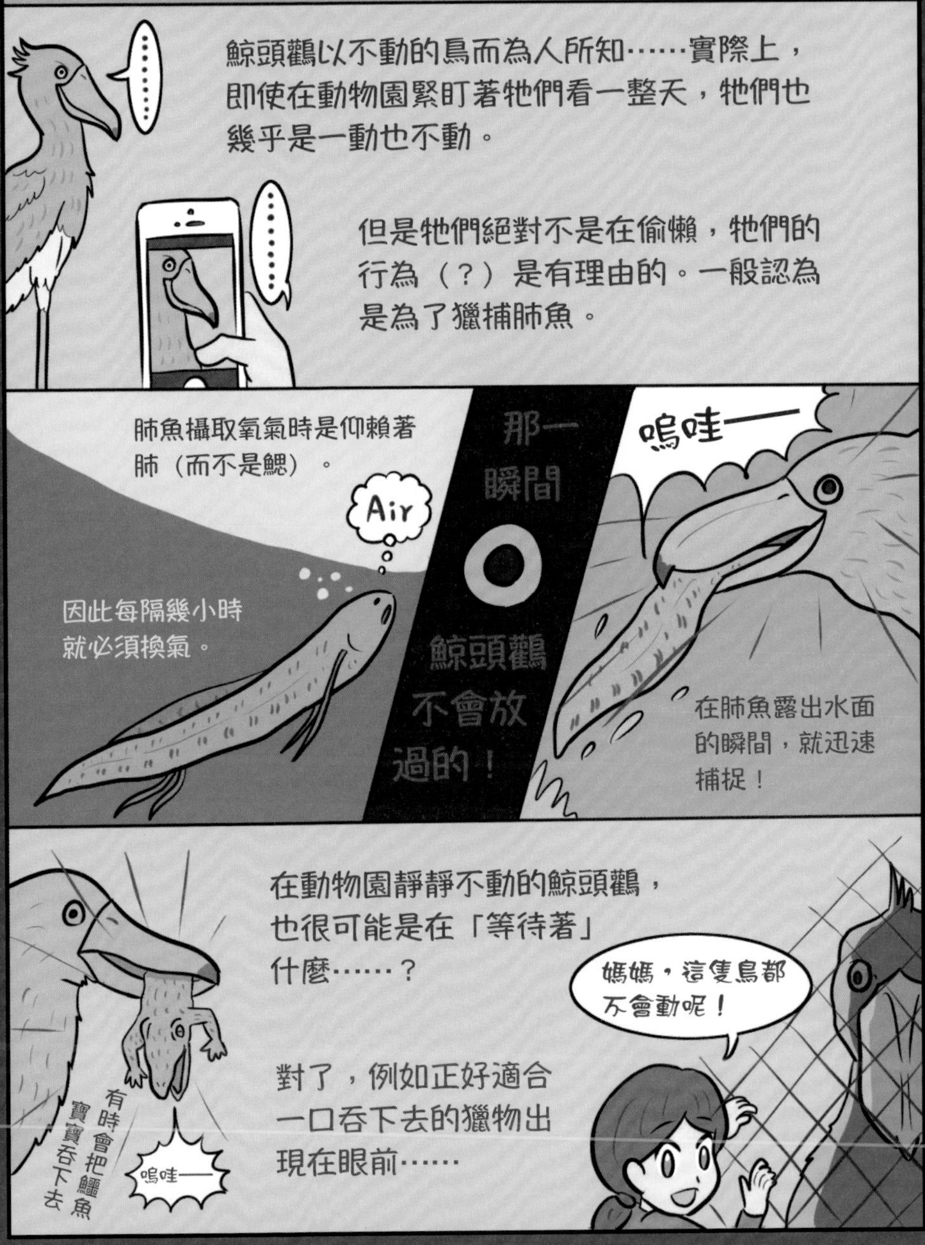

鯨頭鸛以不動的鳥而為人所知……實際上，即使在動物園緊盯著牠們看一整天，牠們也幾乎是一動也不動。
但是牠們絕對不是在偷懶，牠們的行為（？）是有理由的。一般認為是為了獵捕肺魚。
肺魚攝取氧氣時是仰賴著肺（而不是鰓）。
Air
因此每隔幾小時就必須換氣。
那一瞬間
鯨頭鸛不會放過的！
嗚哇——
在肺魚露出水面的瞬間，就迅速捕捉！
在動物園靜靜不動的鯨頭鸛，也很可能是在「等待著」什麼……？
媽媽，這隻鳥都不會動呢！
對了，例如正好適合一口吞下去的獵物出現在眼前……
有時會把鱷魚寶寶吞下去
嗚哇——

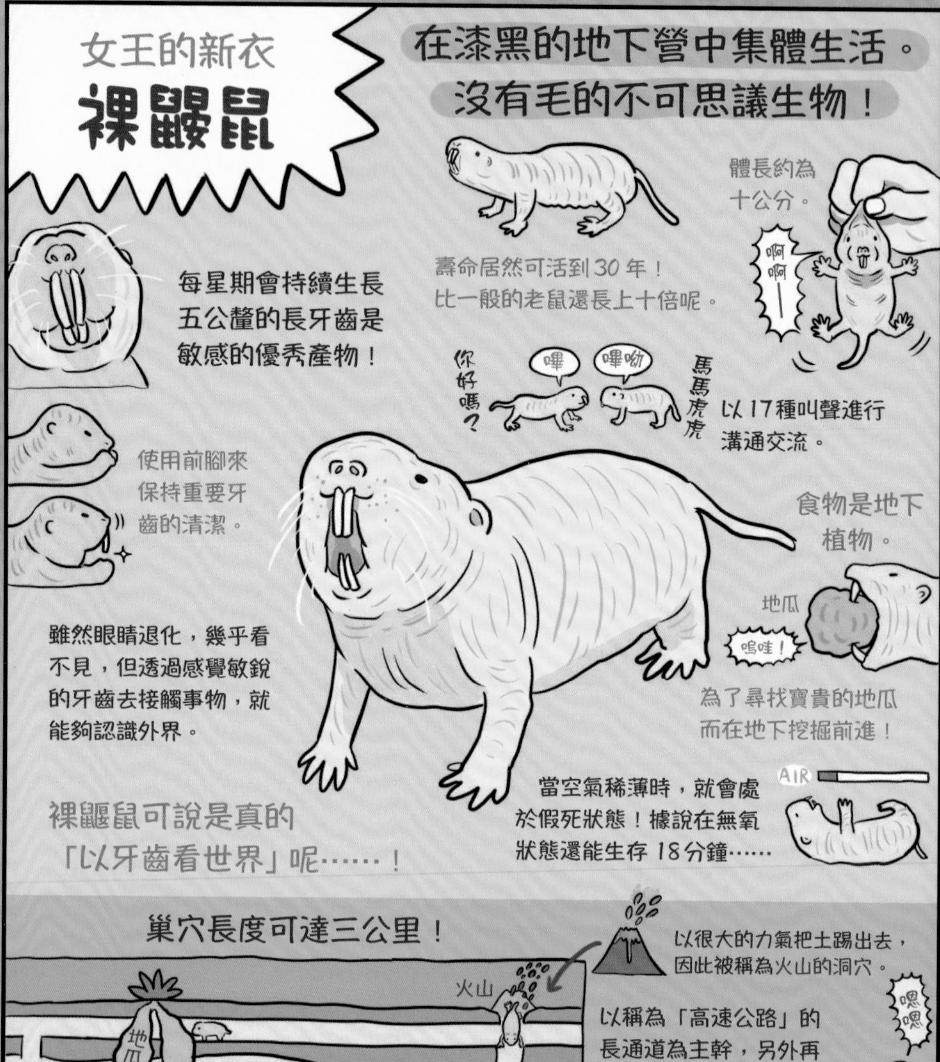
女王的新衣
裸鼴鼠
在漆黑的地下營中集體生活。
沒有毛的不可思議生物！
體長約為十公分。
啊啊——
壽命居然可活到30年！比一般的老鼠還長上十倍呢。
每星期會持續生長五公釐的長牙齒是敏感的優秀產物！
你好嗎？
嗶
嗶呦
馬馬虎虎
以17種叫聲進行溝通交流。
使用前腳來保持重要牙齒的清潔。
食物是地下植物。
地瓜
嗚哇！
為了尋找寶貴的地瓜而在地下挖掘前進！
雖然眼睛退化，幾乎看不見，但透過感覺敏銳的牙齒去接觸事物，就能夠認識外界。
AIR
當空氣稀薄時，就會處於假死狀態！據說在無氧狀態還能生存18分鐘……
裸鼴鼠可說是真的「以牙齒看世界」呢……！
巢穴長度可達三公里！
以很大的力氣把土踢出去，因此被稱為火山的洞穴。
火山
地瓜
你好嗎？
馬馬虎虎
廁所
客廳
高速公路
逃脫用出口
以稱為「高速公路」的長通道為主幹，另外再挖許多用來進食或睡覺用的各種房間。
嗯嗯
Z Z Z
廁所的氣味是大家共有的印記，也是尋找群體時的線索。

裸體的冰與火之歌：權力遊戲

以能產子的「女王」及無法繁殖的個體，共同行社會生活（像蜂或蟻），這種動物特性叫「真社會性」。

裸鼴鼠居然是極罕見的「真社會性哺乳類」呢！

以女王為頂點的金字塔狀階級之下，由平均 80 隻（最多 300 隻）裸鼴鼠組成群聚。

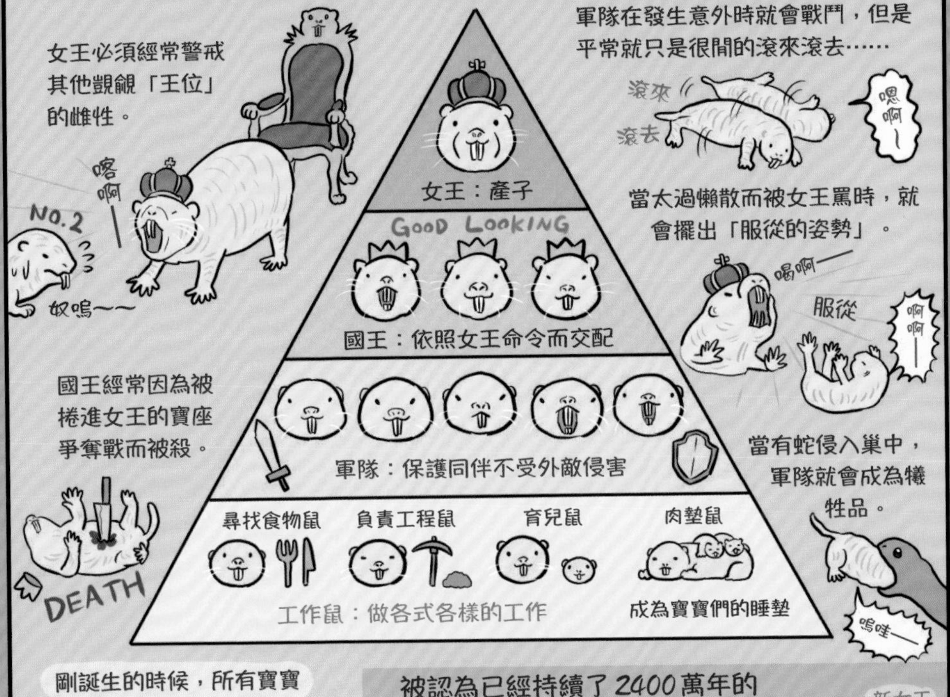

女王必須經常警戒其他覬覦「王位」的雌性。
喀啊—
NO.2
奴嗚~~
女王：產子
GOOD LOOKING
國王：依照女王命令而交配
軍隊：保護同伴不受外敵侵害
尋找食物鼠
負責工程鼠
育兒鼠
肉墊鼠
工作鼠：做各式各樣的工作
成為寶寶們的睡墊
軍隊在發生意外時就會戰鬥，但是平常就只是很閒的滾來滾去……
滾來
滾去
嗯啊—
當太過懶散而被女王罵時，就會擺出「服從的姿勢」。
喝啊—
服從
啊啊—
國王經常因為被捲進女王的寶座爭奪戰而被殺。
DEATH
當有蛇侵入巢中，軍隊就會成為犧牲品。
嗚哇—

剛誕生的時候，所有寶寶都會成為工作鼠。

起初只能夠搬運小小的木片……

木片
嗚哇！

但每隻老鼠會逐漸找出自己扮演的角色呢。

被認為已經持續了 2400 萬年的裸鼴鼠的地下王國……！

新女王
咕哇
赤裸暴牙龍

在爭奪寶座以及民眾的熱鬧生活中……今天應該也有各式各樣的戲劇在上演吧。

COLUMN4 好想放在書中的遺珠！可怕（?）的動物

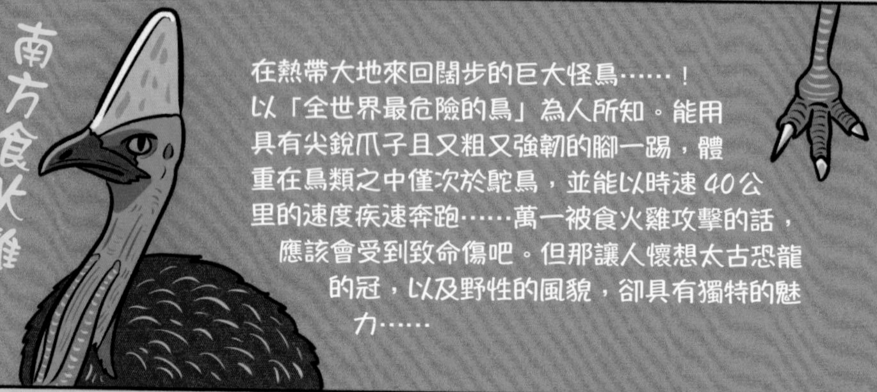

在熱帶大地來回闊步的巨大怪鳥……！以「全世界最危險的鳥」為人所知。能用具有尖銳爪子且又粗又強韌的腳一踢，體重在鳥類之中僅次於鴕鳥，並能以時速40公里的速度疾速奔跑……萬一被食火雞攻擊的話，應該會受到致命傷吧。但那讓人懷想太古恐龍的冠，以及野性的風貌，卻具有獨特的魅力……

和牠們給人的悠閒印象正好相反，別名「非洲最讓人害怕的動物」絕非誇大其辭，是充滿危險魅力的大型哺乳類！可達三公噸重的巨體、具有強力的顎部、奔跑速度據說可達30公里，兼具力量及速度的最強猛獸……從遠古以來，河馬應該就是以真正的「王者」而君臨非洲大地的吧！

說起「殺死人類的數量」，即使是把這本書中介紹的危險動物通通加起來，也絕對不會超過這種小小的昆蟲「蚊子」的致死人數。以蚊子為媒介的傳染病造成的死亡人數不計可數……！（據說每年可達72萬人）毫無疑問，可說是最該感到害怕的生物之一。雖然聽到嗡嗡嗡的拍翅聲就令人生氣害怕並感到不快，但也有說法認為，這很可能是為了讓人察覺搬運病原菌的蚊子的拍翅聲，並視之為「危險信號」，於是人類的耳朵隨之演化的結果……！其實人類和蚊子共同度過的歲月，已經非常非常久了……

第 5 章

奇怪的蟲蟲

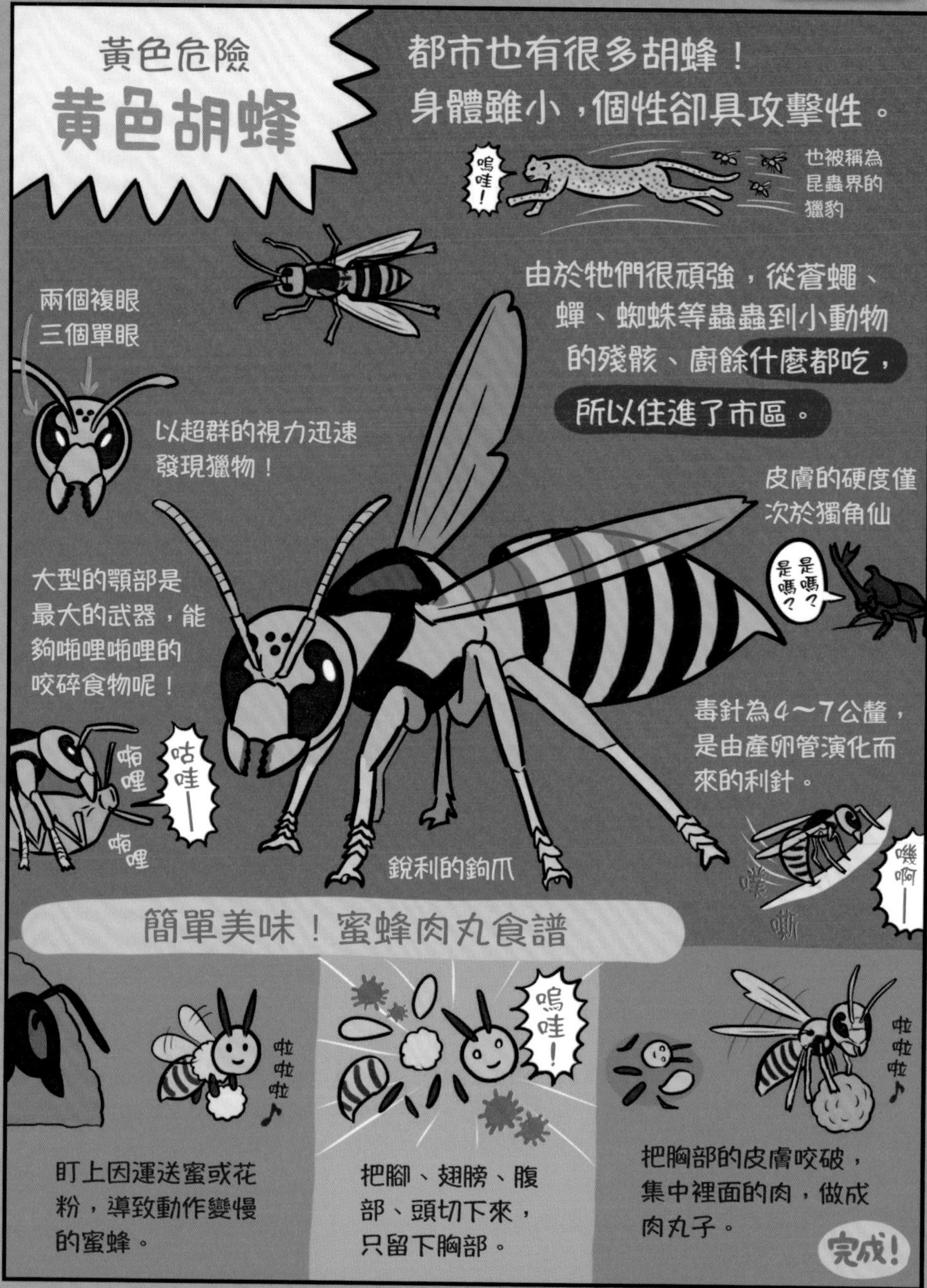
黃色危險
黃色胡蜂
都市也有很多胡蜂！
身體雖小，個性卻具攻擊性。
嗚哇！
也被稱為昆蟲界的獵豹
兩個複眼
三個單眼
以超群的視力迅速發現獵物！
由於牠們很頑強，從蒼蠅、蟬、蜘蛛等蟲蟲到小動物的殘骸、廚餘什麼都吃，所以住進了市區。
皮膚的硬度僅次於獨角仙
是嗎？
是嗎？
大型的顎部是最大的武器，能夠啪哩啪哩的咬碎食物呢！
啪哩
咕哇——
啪哩
毒針為4～7公釐，是由產卵管演化而來的利針。
嘰啊——
噗
嘶
銳利的鉤爪
簡單美味！蜜蜂肉丸食譜
啦啦啦♪
嗚哇！
啦啦啦♪
盯上因運送蜜或花粉，導致動作變慢的蜜蜂。
把腳、翅膀、腹部、頭切下來，只留下胸部。
把胸部的皮膚咬破，集中裡面的肉，做成肉丸子。
完成！

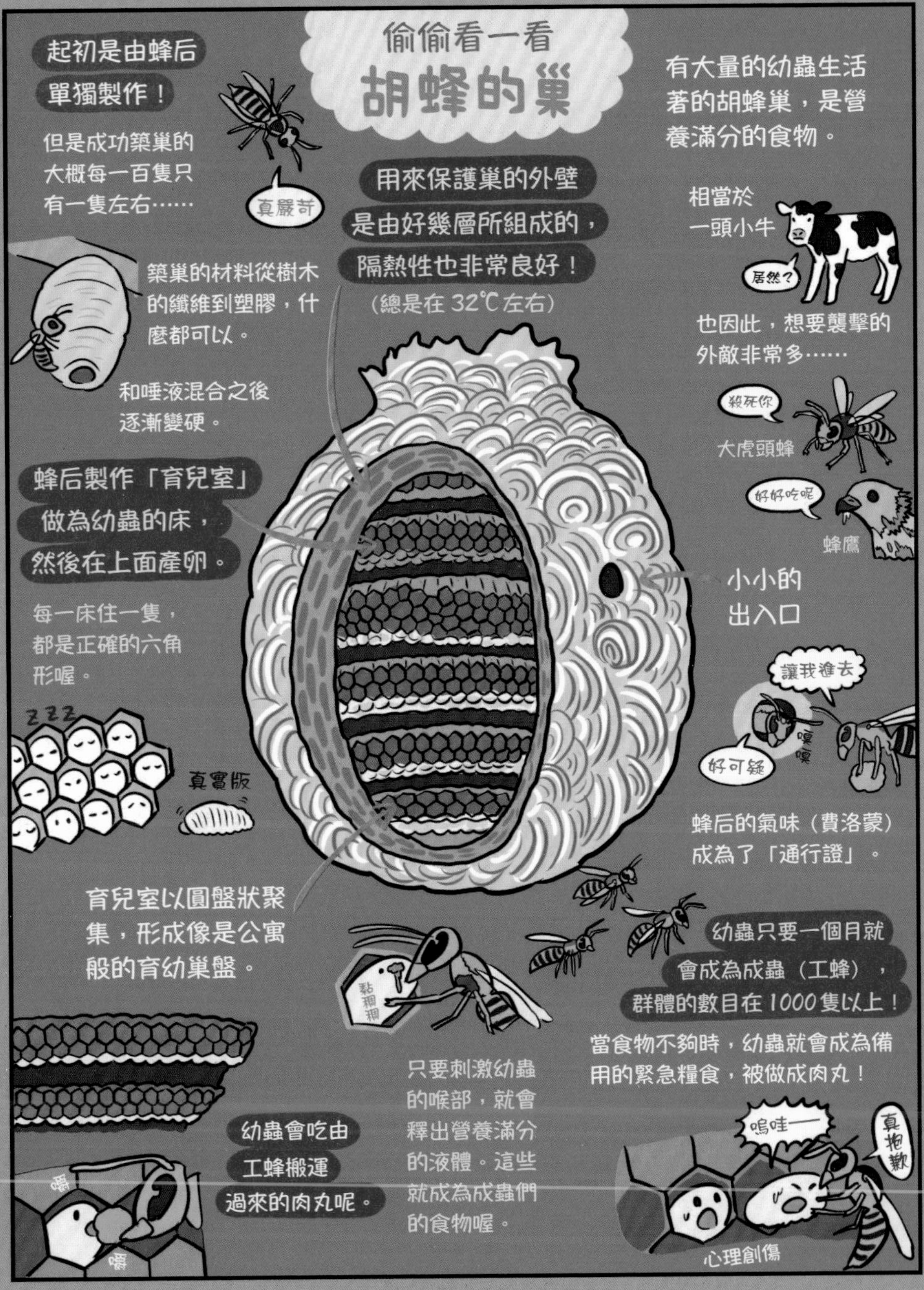
偷偷看一看
胡蜂的巢
起初是由蜂后
單獨製作！
但是成功築巢的
大概每一百隻只
有一隻左右……
真嚴苛
築巢的材料從樹木
的纖維到塑膠，什
麼都可以。
和唾液混合之後
逐漸變硬。
用來保護巢的外壁
是由好幾層所組成的，
隔熱性也非常良好！
（總是在32℃左右）
有大量的幼蟲生活
著的胡蜂巢，是營
養滿分的食物。
相當於
一頭小牛
居然？
也因此，想要襲擊的
外敵非常多……
殺死你
大虎頭蜂
好好吃呢
蜂鷹
蜂后製作「育兒室」
做為幼蟲的床，
然後在上面產卵。
每一床住一隻，
都是正確的六角
形喔。
ZZZ
真實版
小小的
出入口
讓我進去
嗅
嗅
好可疑
蜂后的氣味（費洛蒙）
成為了「通行證」。
育兒室以圓盤狀聚
集，形成像是公寓
般的育幼巢盤。
黏稠稠
幼蟲只要一個月就
會成為成蟲（工蜂），
群體的數目在1000隻以上！
當食物不夠時，幼蟲就會成為備
用的緊急糧食，被做成肉丸！
只要刺激幼蟲
的喉部，就會
釋出營養滿分
的液體。這些
就成為成蟲們
的食物喔。
幼蟲會吃由
工蜂搬運
過來的肉丸呢。
嚼
嚼
嗚哇──
真抱歉
心理創傷

可愛的小跳跳
蠅虎
哪裡都有的小型蜘蛛！
蹦蹦蹦的邊跳邊獵捕
蟲子喔！
喵的呢
又被稱為
「八隻腳的貓」
哦？
也會追逐滑鼠
的箭頭喔！
英文是「Jumping spider」！
有的物種能夠高高跳起，高度比
自己的身體還要大幾十倍喔。
合起來共有八個眼睛，
具有極佳的視力。
耶——
右
主眼
前側眼
後中眼
後側眼
跳高時完全
不會用到肌肉
PIN
條紋蠅虎
據說視力為
蜻蜓的十倍
大衝擊
蜻蜓
體液流到腳的空洞中，
嗶！的伸長、跳躍。
（像油壓幫浦般的結構）
由於視力良好，會直接跳向
獵物，所以不會結蜘蛛網。
但可隨時吐出蜘蛛絲，有時候
也當成保命索般的使用。
嗚哇——
把腳抬起
來求偶
蠅虎很擅長
跳求偶舞示愛。
I
LOVE
YOU
←這個稱為「曳絲」，
從位於腹部腹面
的絲疣吐出。
蠅虎若蛛是
經由反覆的蛻
皮成長的。
不是屁股絲喔
是屁股絲吧
蜻蜓
鏡子
你這傢伙搞什麼
KILL
只不過動作看起來很像在威嚇。
媽媽
搖搖 晃晃
一公釐左右
又要蛻了嗎？
YO

目標是捕蠅達人

蠅虎是蜘蛛中種類最多的，總數約為6000種以上！在日本有100種以上喔。
毛茸茸
橙黃蠅虎
很漂亮
片岡氏蠅虎
（日本國外）
Hey!
跳舞
孔雀蜘蛛
看起來很強
細齒方胸蛛
假扮成螞蟻
蟻蛛
首先在家裡找找看……幾乎會有這三種的其中之一。
神祕的博士
挑選喜歡的蠅虎吧
家庭蠅虎三巨頭
安德遜蠅虎
全世界最多的蠅虎
條紋蠅虎
橘色的額頭是吸引人的重點
褐條斑蠅虎
比較大，在西日本很多
接下來到有許多綠意的場所找找看，例如附近的公園等等。
容易找到的建議地點為扶手、石牆、長著草的人造物等。
只要在這類場所仔細尋找，應該就能發現顏色和形狀五花八門的蠅虎了。
蒼蠅！
捕蠅怪獸
啊！野生的橙黃蠅虎跳出來了！
蠅虎攝影
蠅虎GO
蒼蠅！
嗯？
用相機對準牠們時，牠們也可能把視線看往相機呢！
就決定是你了！
蒼蠅！
橙黃蠅虎的全力衝撞！
像江戶時代有「獵鷹」一樣，讓蠅虎捕捉蟲子的「座敷鷹」遊戲成為流行風潮！
喔啦！
怎樣！喝啦！
據說也有讓蠅虎們彼此戰鬥的「蜘蛛相撲」遊戲被傳承到現代。
放在板子上讓牠們戰鬥
推薦書
蠅虎便覽 Handbook
~~《寶可夢圖鑑》~~
《蠅虎便覽 Handbook》好評販賣中
自古以來就跟人類有很密切的關係，既可愛又神祕的鄰居……不論何時，都很認真的求生存。為了能夠見到蠅虎們，你也來一趟冒險之旅吧！
大家也來玩蠅虎抓寶遊戲啊
不要抓啦
神祕的少年
政治正確皮×丘

美麗的殭屍達人
扁頭泥蜂
分布於南亞及非洲等
熱帶的蜂！
又被稱為「寶石蜂」，
是閃耀著翡翠色光澤的美麗蜂類。
只有雌性有針
體長約
兩公分
100
日本也有兩種
近緣種喔
好好記
下來欸
長背泥蜂
疏長背泥蜂
正如日文名
直譯「翡翠蜚蠊蜂」，
牠們會獵捕蟑螂！
……而且居然能用特殊
的毒把蟑螂變成殭屍！！
YABAI of the DEAD
完蛋了——
可愛～
我是
蟑螂喔！
應該也能在
空中飛行
美洲家蠊
（和實際上的外觀不同）
嗚哇！
咚
嘶
最初的
一擊！！
首先
注入讓蟑螂身體麻痺的毒！
嗚…哇…
等待著蟑螂的
命運是……！？

翡翠獵奇
對著已經不能動的蟑螂再來一擊！！對準目標，把毒送往腦部（正確來說是食道下神經節）！
那是會把被刺的蟑螂變成殭屍的強力神經毒。
咚嘶
蟑螂會因為毒中的多巴胺，而被強制處於興奮狀態。
變成這樣的蟑螂後，會完全喪失逃走的意志……！
乾淨~
然後不知道為什麼，會開始仔細的清理身體。
泥蜂在工作結束時，會切斷蟑螂的觸角，從那裡喝營養滿分的血液。
咻嗚~
也有說法認為那是為了減少血量，調整毒的效果。
然後把蟑螂帶回巢穴去！
喪失恐懼的蟑螂只能乖乖跟著泥蜂，用自己的腳一步步的走過去……
把蟑螂帶到巢穴深處的泥蜂，在蟑螂體內產卵之後，就會把巢穴的入口封住、離開。
EGG
好吃~
孵化的幼蟲從內側吃寄主的身體成長喲！
牠們之所以讓蟑螂活著，是為了讓幼蟲能吃到新鮮的肉。
把肉吃完成長之後，就會突破身體，出來到外面！
啪哩
破胸體
這是抄襲啦
怎麼這樣
GOOD BYE
剩下的只有變成空殼的蟑螂身體而已……雖然看起來好像很殘酷，但這也是生命的神祕！
可怕卻也美麗的使毒者，這就是扁頭泥蜂……

極小的侵略者
入侵紅火蟻

原產於南美，具有劇毒的螞蟻！2017年6月初次確認入侵日本國內的外來生物*。

體長為2.5～6公釐，相當多樣，身體為紅棕色。

山

日文漢字是「火蟻」！英文為Fire ant

螞蟻!!!
燃燒吧!
嗚喔!

名字由來是因為人被毒針刺到時，會感覺到被火燒傷般的劇痛。

喔啦
咚嘶
嘰呼—

經常會重複好幾次

有時看不見毒針……

會築半球體狀的蟻塚是牠們的特徵。

喔啦
喔啦

有些可達90公分高、180公分深……！

蟻群中的螞蟻數量可多達數十萬隻！

喔啦
喔啦
喔啦
喔啦
嘰啊

超群的團隊合作！
若是蟻群被攻擊，就會團結一致的進行逆襲喔。所以即使發現牠們的巢，也絕對不可以觸摸！

有時還會像「疊羅漢」般的聚集在一起，組成木筏呢！

雖然是具有「殺人蟻」別稱的入侵紅火蟻，但實際上，入侵紅火蟻的毒成為直接死因的可能性很低……

萬一被刺，也不要陷入恐慌。首先要保持安靜，確認身體感覺到的任何變化。在狀況突然變差時，迅速前往醫院！

在電影《蟻人》中，（居然）被視為很可信賴的同伴而非常活躍呢！

喔啦！

* 入侵臺灣則是在2003年。

停止!! 入侵紅火蟻們!

入侵紅火蟻的麻煩並不是只有毒性而已……
由於牠們具有被電吸引的性質，所以會侵入
電器或基礎設施之中→引發火災等。

在美國，每年因此造成大約 7 億美元的經濟損失。
再加上具有攻擊性，會攻擊昆蟲或小動物，
對生態系帶來甚大的影響。入侵紅火蟻
一旦在一個環境中定居，帶來的災
害無窮無盡……

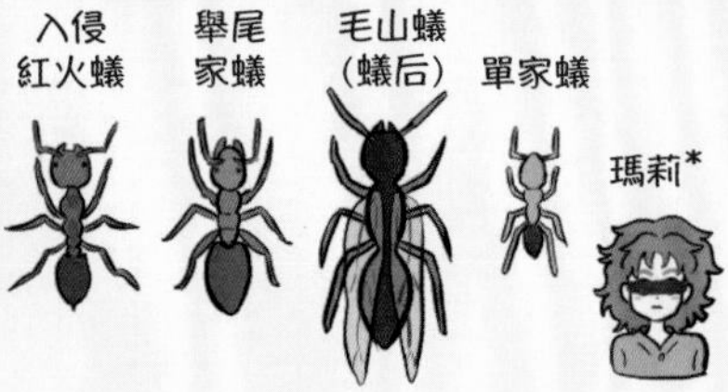

但是對於非專家的一般人來說，想要辨識是
否為入侵紅火蟻是相當困難的……！因為在
原生種螞蟻（原本就生存在本地的螞蟻）之
中，有許多跟入侵紅火蟻長得很相似。

若因為過於害怕入侵紅火蟻，為了
阻止外來種入侵，而連原生種的螞
蟻都一起殺死的話，反而會有促進
入侵紅火蟻影響範圍擴大的危險！
在驅除時一定要非常慎重才行……

現在，全日本的昆蟲專家組了團隊，
正在努力阻止入侵紅火蟻的入侵呢！
（也因此，一般人目前遇到入侵紅火蟻
的可能性很低）

極小外來生物特設災害對策本部，通稱
「極災對」。（這只是想像圖而已）

現狀是邊進行充分的警戒，也不
要過度害怕入侵紅火蟻。首先要
理解牠們的生態，才是現階段最
重要的事情吧。

＊與紅火蟻的日文拼音 hiari 接近。

地球最強生命體？

水熊蟲

棲息在陸地上或水中的生物！雖然名字中有蟲字，卻不是昆蟲。屬於「緩步動物」這個獨立種類的微生物喔。

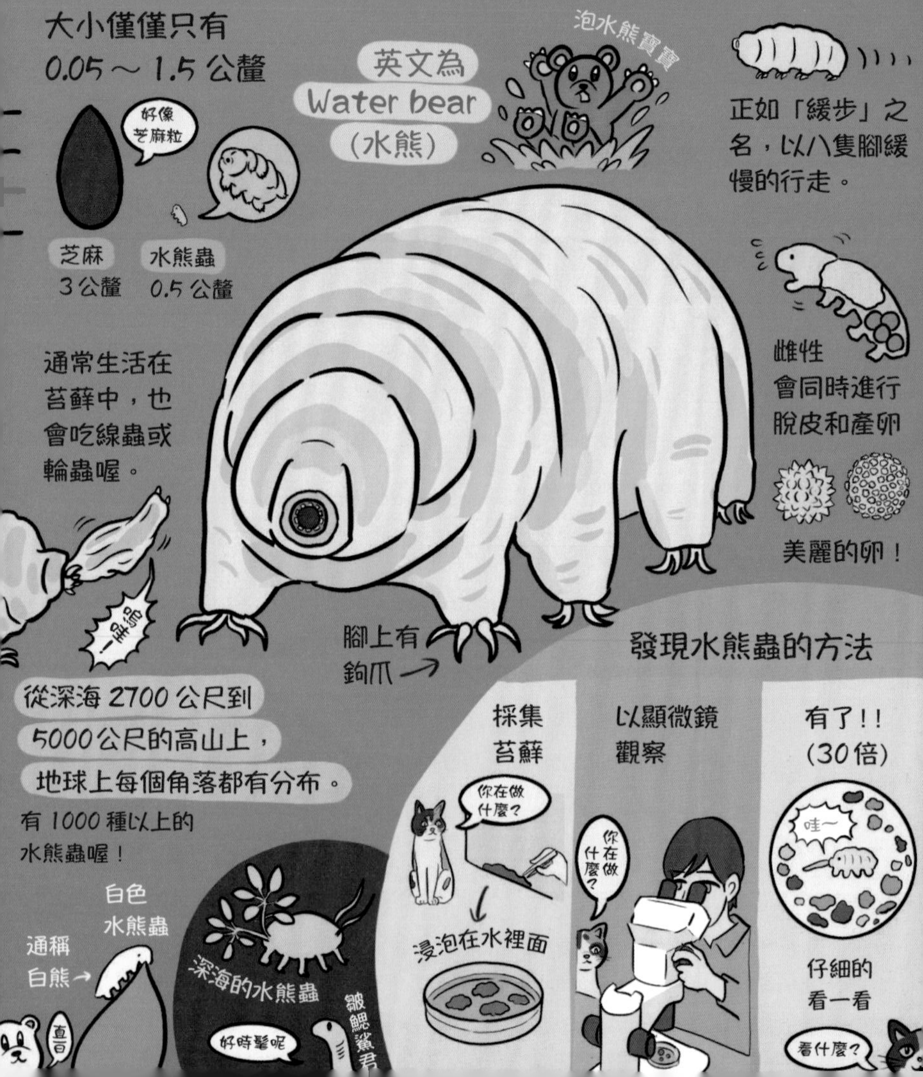

大小僅僅只有
0.05～1.5 公釐
好像芝麻粒
芝麻
3 公釐
水熊蟲
0.5 公釐
英文為
Water bear
（水熊）
泡水熊寶寶
正如「緩步」之名，以八隻腳緩慢的行走。
通常生活在苔蘚中，也會吃線蟲或輪蟲喔。
雌性
會同時進行脫皮和產卵
美麗的卵！
腳上有鉤爪
從深海 2700 公尺到
5000公尺的高山上，
地球上每個角落都有分布。
有 1000 種以上的水熊蟲喔！
白色
水熊蟲
通稱
白熊→
深海的水熊蟲
好時髦呢
皺鰓鯊君
發現水熊蟲的方法
採集
苔蘚
你在做什麼？
浸泡在水裡面
以顯微鏡
觀察
你在做什麼？
有了！！
（30倍）
哇～
仔細的
看一看
看什麼？

宇宙中的水熊蟲銀河系
水熊蟲在周圍變乾燥時，會變形成為桶狀，進入假死狀態，稱為隱生現象！
呵喔
桶
變乾了
晚安
一切的新陳代謝全部停止，
讓長期生存成為了可能。
所謂隱生現象是指
「被隱藏的生命」的意思。
這是哪？
以前流行過的
「海猴寶寶」是一種叫做
豐年蝦的甲殼類的隱生狀態。
過幾年了？
嗯——嗯
三分鐘
澆水後就會復活！也曾
有過在經過九年後復活的例子。
處於隱生狀態的水熊蟲居然……
……
能夠耐 150℃
的高溫！
咕哇—
可憐的蝦
能夠耐絕對零度！
（零下 273℃）
耍白癡了
愚蠢的企鵝
能夠耐 7 萬 5000
大氣壓力的高壓！
世界最深的馬里亞
納海溝的水壓是
1000 大氣壓力
好強
（沒有魚）
能夠耐輻射線！
（人類致死量的一千倍）
人類滅亡後
的世界
愚蠢的人類
耍白癡了
對於環境有如此讓人無法置信的「耐久力」，正是水熊蟲
被稱為「地球最強生命體」的理由！
只要是處於隱生狀態的水熊蟲，應該就能到超低溫、
無重力、無氧的太空旅行吧……
實際上把牠們放在
宇宙空間中十天後，
牠們還是復活了。
假如抵達的星球上有水跟
細菌的話，牠們就有復活
且生存下去的可能性。
（也有說法認為牠們實際上可能
可以在火星生存）
這是哪？
眼睛睜開
話說回來，也許像水熊蟲般的宇宙生命體，
早就已經在哪裡生活著了呢……
宇宙
水熊蟲

後　記

謝謝大家把書讀到最後一頁。閱讀的過程有沒有很開心呢？……哦，「超級有趣？」「絕對想要讀下一本作品？」「送你五億日圓？」真的嗎？萬歲！耶咿！哇喔！！

……這種沒營養的廢話就先算了，首先我要打從心底感謝各位讀者。在市面上出現各式各樣有趣「生物書」的這個時代，特別特地把我的這本奇妙的動物書拿起來看，真是讓我充滿感謝與感激。特別是總在社群網站上幫我打氣加油的朋友們，真的是非常謝謝。若是沒有各位生動的回響，這本書應該也不會誕生吧……今後我也會繼續以各式各樣的形式活動，請大家多多關照。對於以這本書和我「初次見面」的朋友，請加我的推特帳號（@numagasa）等等追蹤我看看吧。因為這也是某種緣分！大概吧！！

然後，這本（由不是專家的人畫的）書總而言之跨了很廣範圍的專門領域，很是麻煩，對於幫這本書監修的中田兼介老師，我在感謝之餘只能磕頭了。生物學是每天都以極快速度更新資訊的領域，幫我一一檢查細碎敘述應該非常辛苦才對。雖然作者是個完全不成熟的人，不過至少這本書的敘述應該不會有太大的錯誤才對……能夠很安心的出版這本書，再怎麼説都是托了中田老師仔細的監修之福。真的真的很謝謝。

邊鼓勵我邊一起把這本書做出來的光文社的須田奈津妃小姐、幫我做了這麼好的封面等等的設計師、幫忙校閱這本書的眾人、參考文獻執筆者的各位、總是在支持著遊手好閒過日子的我的家人跟朋友們，我也要藉這個機會道個謝。

最後，對於造訪附近水池的美麗翠鳥，我要打從心底表示我的感謝與尊敬……在某天下午兩點左右，我剛巧看到兩隻翠鳥在池邊相親相愛的樣子，是讓我畫動物圖解系列的開始（完全沒想到還能夠做到出書……）。希望從今以後也能當我的幸運青鳥，一直守護我……雖然我知道翠鳥大大應該也沒有那麼閒，但是我真的打從心底愛你們！嗚哇！！

那麼，我就在這裡跟各位告別了。不過我還是要再說一次，謝謝大家陪我到最後。希望在這個廣大又不可思議的生物世界的角落，還能再跟各位見面！

沼笠航

譯者序

嗚哇──！這是作者的問候語、驚嘆語，也是結尾語，在我的感覺中，它就跟夏威夷的「阿囉哈」一樣，是個萬用語；而當這本書在日本賣得嚇嚇叫，出版不到一個月就賣出 8 萬本，作者部落格的閱覽人數也遠超過七位數時，它還成了通關密語，只要說得出這幾個字的，絕對都看過這本書（以及作者接下來的其他書）；討論自己最喜歡哪種「有怪癖的動物」、互戰誰怪誰不怪、挑戰親眼看過的書中動物種數等等，可以成為上課下課、茶餘飯後的最佳話題。

這本書的原版監修者（審訂）是我京都大學的學弟，所以我雖然是在出版一個月後才「代買」了三本已經再刷到不知第幾刷的版本，還是得到了有監修者簽名的初版首刷（欸哼，做驕傲狀）。事實上我在學弟家附近的書店，從在正面平臺及收銀機前堆得老高的書拿起三本結帳時，也很驕傲的指著封面上監修者的名字，對書店老闆說：「這是我學弟哦！」然後書店老闆跟我說，大部分的客人也都是買三本呢！並說他跟我學弟很熟，我學弟常去買書，而且還在他們書店辦過幾次新書發表會或講座。根據我學弟的說法，獨立小書店是一定要鼓勵、以當主顧去照顧扶持的。所以在那裡辦講座順便提高書的銷售率，也是種雙贏策略。

有次吃飯時，我問學弟：「我買三本是因為我周圍已經有好幾個人等不及中文版，託我代購，但是老闆說大部分的人也都買三本耶，為什麼？」他說：「因為作者沼笠航原本在網路上畫這些內容時，就已經培養出非常多粉絲，當他們知道內容集結成書，就熱烈支持，一本收藏、一本自己看、一本送人啊！」在這種出版界哀傷書市萎縮，或電子書逐漸瓜分紙本書市場的年代，居然可以在非文學類的科普類中，以動物，還是「有怪癖的」動物獲得這麼大的業績，何況是已經在網路上發表、想看時隨時可以在網路上看到的內容！這不是非常驚人嗎？

看書買書跟趕流行無關，但顯然看過書的讀者都是帶著「好書道相報」的心情買書、支持自己喜愛的書、用閱讀有怪癖的動物來度過讓自己開心的時間。我的「好書道相報」通常是用在找書來強力推薦給編輯（去買版權並讓我翻譯）。這本《有怪癖的動物超棒的！圖鑑》則是我要大力推薦給大家看的書。而且，希望大家都能買三本，一本自用、一本收藏、一本當禮物送給親朋好友，不管他們的年紀大小。嗚哇！

張東君

參考文獻

書籍

- 《企鵝：牠們的世界，牠們的生活》（Penguins: Their World, Their Ways）（Bloomsbury）Tui De Roy、Mark Jones、Julie Cornthwaite著
- 《惹人憐愛的章魚：海洋賢者引導的意識與生命的神祕世界》（The Soul of an Octopus: A Surprising Exploration into the Wonder of Consciousness）（Atria Books）Sy Montgomery著
- 《日本鰻鱺：追蹤一億年之謎》（うなぎ 一億年の謎を追う）（學研教育出版）塚本勝巳著
- 《日本鰻鱺：大洄游之謎》（ウナギ 大回遊の謎）（PHP Science World新書）塚本勝巳著
- 《海中獵人展 公式圖錄》（海のハンター展 公式図録）
- 《學研的圖鑑 LIVE 危險生物》（学研の図鑑 LIVE 危険生物）（學研）今泉忠明監修
- 《學研的圖鑑 LIVE 昆蟲》（学研の図鑑 LIVE 昆虫）（學研）岡島秀治監修
- 《學研的圖鑑 LIVE 魚》（学研の図鑑 LIVE 魚）（學研）本村浩之監修
- 《學研的圖鑑 LIVE 動物》（学研の図鑑 LIVE 動物）（學研）今泉忠明監修
- 《學研的圖鑑 LIVE 鳥》（学研の図鑑 LIVE 鳥）（學研）小宮輝之監修・著
- 《熊的事情就問熊。被人類改變的現代的熊》（熊のことは熊に訊け。ヒトが変えた現代のクマ）（釣魚人社）岩井基樹著
- 《水熊蟲？！小小的怪物》（クマムシ？！ 小さな怪物）（岩波科學Library）鈴木忠著
- 《水母的不可思議（想知道★Science）》（クラゲのふしぎ（知りたい★サイエンス））（技術評論社）J. Fish著　久保田信、上野俊士郎監修
- 《大猩猩 第二版》（ゴリラ 第2版）（東京大學出版會）山極壽一著
- 《昆蟲好厲害》（昆虫はすごい）（光文社新書）丸山宗利著
- 《昆蟲更厲害》（昆虫はもっとすごい）（光文社新書）丸山宗利、養老孟司、中瀨悠太著
- 《以視覺捕捉的Science生物圖錄 改訂版》（視覚でとらえるサイエンス生物図録 改訂版）（數研出版）數研出版編輯部著

- 《深海展2017 公式圖錄》（深海展2017 公式図録）
- 《厲害動物學》（すごい動物学）（長岡書店）新宅廣二著
- 《世界鯊魚圖鑑》（The Encyclopedia of Sharks）（Firefly Books）Steve Parker著　中谷一宏監修
- 《世界的奇妙生物圖鑑》（Beastly Menagerie : Sir Pilkington-Smythe's Marvelous Collection of Strange and Unusual Creatures）（Lyons Press）Sir Pilkington-Smythe著
- 《章魚的才能：最聰明的無脊椎動物》（Octopus! : The Most Mysterious Creature in the Sea）（Current）Katherine Harmon Courage著
- 《Document追蹤深海的超巨大烏賊》（ドキュメント 深海の超巨大イカを追え！）（光文社新書）NHK Special深海Project採訪班、坂元志步著
- 《毒特物種：從致命武器到救命解藥，看有毒生物如何成為地球上最出色的生化魔術師》（Venomous : How Earth's Deadliest Creatures Mastered Biochemistry）（馬可波羅）Christie Wilcox著
- 《鳥的感官：當一隻鳥是什麼感覺？》（Bird Sense: What It's Like to Be a Bird?）（貓頭鷹）Tim Birkhead著
- 《鳥兒真厲害！》（鳥ってすごい！）（Yamakei新書）樋口廣芳著
- 《國家地理雜誌》2012年2月號〈科學探討狗的遺傳基因〉（犬の遺伝子を科学する）（日經國家地理）
- 《日經Science》2009年5月號〈飛向蝙蝠〉（コウモリへの飛翔）（日本經濟新聞出版社）
- 《家雞：獨占愛的鳥》（ニワトリ　愛を独り占めにした鳥）（光文社新書）遠藤秀紀著
- 《蠅虎便覽Handbook》（ハエトリグモハンドブック）（文一總合出版）須黑達巳 著
- 《裸鼴鼠：女王、軍隊、當墊被》（ハダカデバネズミ　女王・兵隊・ふとん係）（岩波科學Library）吉田重人、岡谷一夫著
- 《鴿子為什麼邊行走邊點頭》（ハトはなぜ首を振って歩くのか）（岩波科學Library）藤田祐樹著
- 《貓頭鷹：其歷史、文化、生態》（Owl）（Reaktion Books）Desmond Morris著
- 《企鵝指南》（ペンギンガイドブック）（阪急Communications）藤原幸一著

●《企鵝教我的物理學》（ペンギンが教えてくれた物理のはなし）（河出書房新社）渡邊佑基著
●《企鵝的ABC》（ペンギンのABC）（河出書房新社）企鵝基金著
●《北極熊：生態及行為的完全指南》（Polar Bears：A Complete Guide to Their Biology and Behavior）（Johns Hopkins University Press）Andrew E. Derocher著
●《壁虎的趾頭：由生物的絕妙能力誕生的技術》（The Gecko's Foot: How Scientists are Taking a Leaf from Nature's Book）（Harper Perennial）Peter Forbes著
●《世界最美的蠅虎》（世にも美しいハエトリグモ）（Natsume社）須黒達巳著
●《前往世界的門戶：驚異的胡蜂》（世の中への扉 おどろきのスズメバチ）（講談社）中村雅雄著

影片

●非洲新視界（Africa）（2013，BBC）
●浣熊的國度～都市生活與「演化」～（Raccoon Nation）（2011，加拿大）
●企鵝寶貝——南極的旅程（La Marche de l'Empereur）（2005，法國）
●碧海狂鯊（Shark）（2015，BBC）
●企鵝的秘密生活（Penguins ：Spy in the Huddle）（2013，BBC）
●地球Dramatic・選「出乎意料沒有人知道的鴿子生活」（The Secret Life of Pigeons）（2014，加拿大）
●大衛艾登堡：奇妙大自然（David Attenborough's Natural Curiosities）（2013，BBC）
●大自然（Enchanted Kingdom 3D）（2014）
●地球脈動（Planet Earth）（2006，BBC）
●冰凍星球（Frozen Planet）（2011，BBC）
●生命脈動（Life）（2009，BBC）
●鴞鸚鵡的不自然歷史（The Unnatural History of the Kakapo）（2009）
●一咬致命（Kills With One Bite）（2008，國家地理）

網頁

- 「『外星人』的『第二個下顎』是真實存在的嗎？！」（AFP）
  http://www.afpbb.com/articles/-/2277762?pid=
- 「阻止入侵紅火蟻」（環境省）
  https://www.env.go.jp/nature/intro/ 4document/files/r_fireant.pdf
- 「關於入侵紅火蟻的FAQ」（JIUSSI）
  https://sites.google.com/site/iussijapan/fireant
- 「關於在兵庫縣尼崎市以及神戶市發現的入侵紅火蟻（解說）」（兵庫縣立人與自然博物館）
  http://www.hitohaku.jp/exhibition/planning/solenopsis2.html
- 「伏兵斑點月魚的逆襲」（國家地理）
  http://natgeo.nikkeibp.co.jp/nng/article/20150204/434322/061200005/
- 「使用文法的日本山雀能夠正確理解第一次聽到的文章」（京都大學）
  http://www.kyoto-u.ac.jp/ja/research/research_results/2017/170728_1.html
- 「巨口鯊的視覺已被確認」（Confirmed Megamouth Shark Sightings）（FLORIDA MUSEUM）
  https://www.floridamuseum.ufl.edu/fish/discover/sharks/megamouths/reported-sightings
- 「看啊：裸鼴鼠之美」（Behold : The Beauty of The Naked Mole Rat）（CUTER THAN E.COLI）
  https://cuterthanecoli.wordpress.com/2012/03/08/behold-the-beauty-of-the-naked-mole-rat/
- 「家庭的牽絆：倉鴞的幼鳥禮讓肚子餓的兄弟姊妹先吃飯」（Family Ties: Barn Owl Chicks Let Their Hungry Siblings Eat First）（Audubon）
  http://www.audubon.org/news/family-ties-barn-owl-chicks-let-their-hingry-siblings-eat-first
- 「沒有頭卻活了18個月的雞」（The chicken that lived for 18 months without a head）（BBC）
  http://www.bbc.com/news/magzine-34198340

學名對照表

入侵紅火蟻 *Solenopsis invicta*
大王具足蟲 *Bathynomus giganteus*
大王魷 *Mesonychoteuthis hamiltoni*
大西洋海神海蛞蝓 *Glaucus atlanticus*
大西洋睡鯊 *Somniosus microcephalus*
大虎頭蜂 *Vespa mandarinia*
大猩猩 *Gorilla* spp.
小星頭啄木鳥 *Dendrocopos kizuki*
弓頭鯨 *Balaena mysticetus*
孔雀蜘蛛 *Maratus volans*
巴布亞企鵝 *Pygoscelis papua*
日本山雀 *Parus minor*
日本鰻鱺 *Anguilla japonica*
毛山蟻 *Lasius* spp.
火雞 *Meleagris* spp.
片岡氏蠅虎 *Euophrys kataokai*
北極蛤 *Arctica islandica*
北極熊 *Ursus maritimus*
巨口鯊 *Megachasma pelagios*
巨嘴鴉 *Corvus macrorhynchos*
安德遜蠅虎 *Hasarius adansoni*
亞洲黑熊 *Ursus thibetanus*
抹香鯨 *Physeter macrocephalus*
河馬 *Hippopotamus amphibius*
芬尼氏爪蝠 *Onychonycteris finneyi*
長冠企鵝 *Eudyptes chrysocome*
長背泥蜂 *Ampulex difficilis*
阿德利企鵝 *Pygoscelis adeliae*
非洲灰鸚鵡 *Psittacus erithacus*
南方食火雞 *Casuarius casuarius*
度度鳥 *Raphus cucullatus*
扁頭泥蜂 *Ampulex compressa*
星帶蝮鯙 *Echidna nebulosa*
皇帝企鵝 *Aptenodytes forsteri*
皇家企鵝 *Eudyptes schlegeli*
皇帶魚 *Regalecus glesne*
秋田款冬 *Petasites japonicus*
科摩多巨蜥 *Varanus komodoensis*
哈斯特巨鷹 *Harpagornis moorei*
紅原雞 *Gallus gallus*
紅頭伯勞 *Lanius bucephalus*
美洲家蠊 *Periplaneta americana*
食人鯊 *Carcharodon carcharias*
倉鴞 *Tyto alba*
家雞 *Gallus gallus domesticus*
浣熊 *Procyon lotor*
海月水母 *Aurelia aurita*
海馬 *Hippocampus* spp.
海蟑螂 *Ligia* spp.
狸 *Nyctereutes procyonoides*
狼 *Canis lupus*
真蛸 *Octopus vulgaris*
真鯛 *Pagrus major*
紐西蘭陸均松 *Dacrydium cupressinum*
索氏桃花水母 *Craspedacusta sowerbii*
茶腹鳾 *Sitta europaea*
草鴞 *Tyto longimembris*
豹紋勾吻鯙 *Enchelycore pardalis*

國王企鵝 *Aptenodytes patagonicus*
條紋蠅虎 *Plexippus setipes*
疏長背泥蜂 *Ampulex dissector*
細齒方胸蛛 *Thiania subopress*
野鴿 *Columba livia*
麻雀 *Passer montanus*
單家蟻 *Monomorium* spp.
斑馬裸鯙 *Gymnomuraena zebra*
斑點月魚 *Lampris guttatus*
棕熊 *Ursus arctos*
黃色胡蜂 *Vespa simillima*
黃尾鴝 *Phoenicurus auroreus*
黃眉黃鶲 *Ficedula narcissina*
遊隼 *Falco peregrinus*
鼠婦 *Armadillidium vulgare*
僧帽水母 *Physalia physalis*
管鼻鯙 *Rhinomuraena quaesita*
綠繡眼 *Zosterops japonicus*
翠鳥 *Alcedo atthis*
裸鼴鼠 *Heterocephalus glaber*
銀喉長尾山雀 *Aegithalos caudatus*
寬咽魚 *Eurypharynx pelecanoides*
皺鰓鯊 *Chlamydoselachus anguineus*
褐大耳蝠 *Plecotus auritus*
褐條斑蠅虎 *Plexippus paykulli*
褐頭山雀 *Poecile montanus*
壁虎（鉛山壁虎） *Gekko hokouensis*
橙黃蠅虎 *Carrhotus xanthogramma*
燈塔水母 *Turritopsis nutricula*
錢幣水母 *Porpita porpita*
鴞鸚鵡 *Strigops habroptila*
鴨嘴獸 *Ornithorhynchus anatinus*
糙瓷鼠婦 *Porcellio scaber*
繁星糯鰻 *Conger myriaster*
舉尾家蟻 *Crematogaster* spp.
顆粒查氏蟹 *Chaceon granulatus*
翻車魨 *Mola mola*
藍尾鴝 *Tarsiger cyanurus*
藍環章魚 *Hapalochlaena* spp.
蟻蛛 *Myrmarachne* spp.
鯨頭鸛 *Balaeniceps rex*
鯨鯊 *Rhincodon typus*
鵰鴞 *Bubo bubo*
蠕紋裸胸鯙 *Gymnothorax kidako*

國家圖書館出版品預行編目

有怪癖的動物超棒的！圖鑑 / 沼笠航著；張東君譯.
初版. -- 臺北市：遠流, 2019.02 104面；14.8×21公分.
譯自：図解なんかへんな生きもの
ISBN 978-957-328-432-1（平裝）
1.動物 2.繪本

380　　107022076

有怪癖的動物超棒的！圖鑑

作者／沼笠航
譯者／張東君

責任編輯／吳欣庭（特約）
封面暨內頁設計／吳慧妮（特約）
副主編／謝宜珊
行銷企劃／王綾翊
出版六部總編輯／陳雅茜

發行人／王榮文
出版發行／遠流出版事業股份有限公司
地址／臺北市中山北路一段11號13樓
電話／02-2571-0297　傳真／02-2571-0197
郵撥／0189456-1
遠流博識網／www.ylib.com
電子信箱／ylib@ ylib.com
ISBN 978-957-328-432-1
2019年 2 月 1 日初版一刷
2022年 7 月19日初版六刷

定價・新臺幣350元

日文版設計／坂川朱音（krran），內頁版面設計以日文版為基礎微調。